감염병과의 위험한 동거

감염병과의 위험한 동거

– 과학자의 시선으로 바라본 21세기 감염병

초판 3쇄 발행일 2022년 04월 28일
초판 1쇄 발행일 2021년 05월 28일

지은이 김영호
펴낸이 이원중

펴낸곳 지성사 출판등록일 1993년 12월 9일 등록번호 제10-916호
주소 (03458) 서울시 은평구 진흥로 68 2층 (북측)
전화 (02) 335-5494 팩스 (02) 335-5496
홈페이지 www.jisungsa.co.kr 이메일 jisungsa@hanmail.net

ISBN 978-89-7889-466-1 (43470)

잘못된 책은 바꾸어드립니다. 책값은 뒤표지에 있습니다.

감염병과의

과학자의 시선으로 바라본 21세기 감염병

위험한 동거

김영호 지음

지성사

대구MBC로부터 전화가 걸려왔다. "대구에서 코로나19가 급속히 확산되고 있어요. 코로나19 관련 방송을 준비하고 있는데요. 코로나19처럼 병을 일으키는 바이러스에 대해 박사님이 강연해주시면 좋겠어요"라며 담당 작가가 강연을 요청했다. 방송에 출연해 강연한다는 것은 신나는 일이지만, 대구에서 코로나19바이러스가 급속히 확산되어 하루에 수백 명씩 환자가 발생하는 난리 난 상황에서 이와 관련한 강연을 방송에서 해야 한다니 꽤 부담스러웠다. "저보다는 유능하신 의사 선생님을 섭외하셔서 강연을 듣는 것이 더 좋지 않을까요?"라며 에둘러 부담스러운 강연을 피하려고 했으나 거듭되는 작가의 요청에 강연을 수락했다.

이렇게 하여 〈TV메디컬 약손〉 프로그램에 출연하여 코로나19바이러스와 지난 100년 동안 세계적 대유행을 일으켰던 여러 바이러스에 대해서 강연했다. 사스, 메르스, 신종플루, 에볼라, 스페인독감 등 이름만 들어도 무서운 바이러스로 인한 감염병 사건들과 이러한 감염병을 일으킨 바이러스의 실체는 과연 무엇일까가 주 내용이었다.

21세기의 시작과 함께 찾아온 무서운 신종 감염병 사스. 2002년 사스의 공포가 전 세계를 휩쓸고 지나간 뒤 십여 년 만에 다른 신종 감염병이 찾아왔다. 이렇게 우리는 메르스의 공포를 2015년에 경험했다. 사스와 메르스 사태를 무사히 넘기고 평온을 되찾아 살아가려는데, 이제 더 무서운 신종 감염병이 전 세계를 초토화하는 것을 2020년에 경험했다. 2019년 12월 중국 우한시에서 처음 보고된 신종 감염병 코로나19는 중국을 넘어 한국과 유럽 및 미국 등 전 세계 200개 이상의 나라로 확산되었고, 이에 수많은 환자와 사망자가 발생했다.

코로나19 팬데믹 상황이 나날이 악화되던 2020년 7월, 질병관리본부는 다른 감염병들도 여전히 해외 여러 나라에서 발생하고 있다고 발표했다. 2020년에 중동 지역에서 메르스 환자가 61명 발생했고 19명이 사망했다. 콩고민주공화국에서는 에볼라바이러스 감염자가 41명 발생하여 17명이 사망했다. 또한 베트남에서는 디프테리아 환자가 68명 발생하여 3명이 사망했다. 이뿐만 아니라 중국과 몽골에서는 흑사병이 발생하여 3명이 사망했다. 2020년에 메르스, 에볼라, 디프테리아, 흑사병까지 발생했다는 뜻이다. 이처럼 많은 감염병의 위협 속에서 살아가고 있는 것이 우리의 현실이다.

이 책의 구성은 다음과 같다.

1부는 21세기에 찾아온 신종 감염병에 관한 내용이다. 사스라는 신종 감염병, 중동의 풍토병으로 자리 잡은 메르스, 코로나19와 코로나19 팬데믹, 그리고 돼지독감이라고도 부르는 신종플루 등이다.

2부에서는 인류를 공포에 떨게 한 역사적 감염병에 관해 살펴본다. 14세기에 유럽 인구의 3분의 1을 죽음으로 몰고 간 흑사병, 지금도 여전히 발생하고 있는 21세기의 흑사병, 인류의 노력으로 박멸한 유일한 감염병인 천연두, 그리고 아프리카의 참사를 이어가는 에볼라바이러스병 등이다.

3부는 전쟁과 감염병 및 생물무기를 다룬다. 역사적인 전쟁에서 승자를 바꿔버린 감염병, 제1차 세계대전보다 더 많은 사망자를 발생시킨 스페인독감, 핵폭탄보다 무서운 천연두와 에볼라 같은 생물무기, 그리고 이러한 생물무기 대처법 등에 대해서 알아본다.

4부에서는 코로나19의 장기화에 따라 코로나19를 예방하며 생활해야 하는 시기인 '코로나 일상' 속에서 감염병과의 동거에 관해 살펴본다. 21세기 신종 감염병의 출현을 예고하는 인수공통감염병, 신종 바이러스의 위협, 그리고 감염을 막아줄 백신 등을 알아본다.

이 책이 출판되기까지 많은 분들이 아낌없이 도와주셨다. 먼저 출판을 허락해주신 지성사 출판사 이원중 대표님께 감사 드린다. 또한 이 책을 쓰도록 동기부여를 해주고 〈TV메디컬 약손〉 프로그램에서 강연할 수 있도록 해주신 백운국 PD님, 박성미 작가님, 장은경 작가님, 권태근 국장님, 이유진 아나운서님께 감사 드린다. 코로나19 환자의 진단과 치료를 위해 헌신적인 노력과 희생을 마다하지 않은 의료진과 의료 산업 종사자분들께 감사 드린다. 마지막으로 나의 양가 부모님과 아내 그리고 예쁜 딸에게도 감사와 사랑을 전한다.

하늘 정원에서
김 영 호

| 차 례 |

책을 펴내며 … 004

21세기에 찾아온 신종 감염병

1 사스 신종 코로나바이러스가 찾아왔다! … 012

2 메르스 지금도 중동의 풍토병으로 남아 있다?! … 030

3 코로나19 팬데믹을 몰고 온 신종 감염병 … 040

4 코로나19 대유행 더 독해진 사스바이러스가 찾아왔다?! … 060

5 신종플루 독감이라고 만만하게 보면 안 된다! … 080

인류를 공포에 떨게 한 역사적 감염병

1 흑사병 I 역사상 가장 참혹했던 감염병 … 098

2 흑사병 II 지금도 발생하고 있다고? … 110

3 천연두 인류가 박멸한 유일한 감염병 … 124

4 에볼라바이러스병 계속 반복되는 아프리카의 참사 … 148

3부 전쟁과 감염병 그리고 생물무기

1 감염병 전쟁의 승자를 바꾸다 … 180

2 스페인독감 제1차 세계대전보다 무서운 독감 … 188

3 천연두와 에볼라 핵폭탄보다 무서운 생물무기 … 194

4 생물무기 이 위협을 어떻게 막을 수 있을까? … 202

 4부 '코로나 일상', 감염병과의 동거

1 인수공통감염병 또 다른 신종 감염병 출현의 예보 … 208

2 신종 바이러스의 위협 피할 수 없으면 슬기롭게 대비하라! … 220

3 백신 감염을 막아주는 든든한 갑옷 … 226

마무리하며 … 238

주 … 243/ 사진 출처 … 248

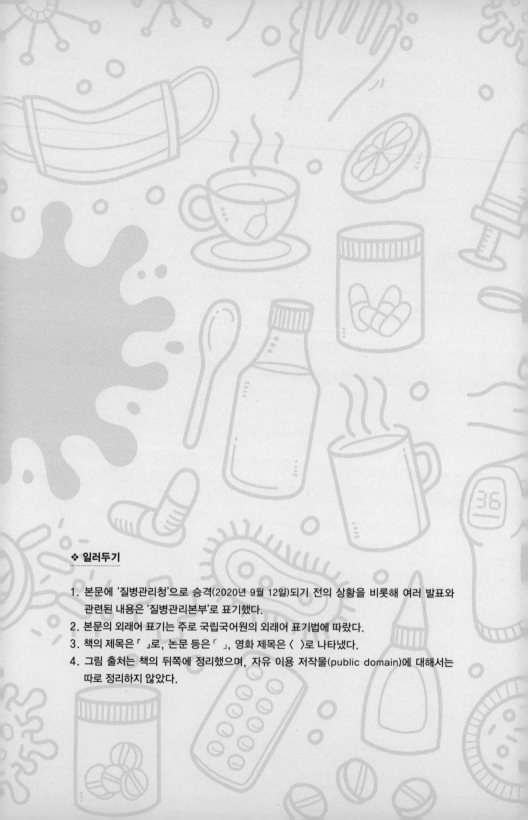

❖ 일러두기

1. 본문에 '질병관리청'으로 승격(2020년 9월 12일)되기 전의 상황을 비롯해 여러 발표와 관련된 내용은 '질병관리본부'로 표기했다.
2. 본문의 외래어 표기는 주로 국립국어원의 외래어 표기법에 따랐다.
3. 책의 제목은 『 』로, 논문 등은 「 」, 영화 제목은 〈 〉로 나타냈다.
4. 그림 출처는 책의 뒤쪽에 정리했으며, 자유 이용 저작물(public domain)에 대해서는 따로 정리하지 않았다.

1부
....

21세기에 찾아온
신종 감염병

 **사스**
신종 코로나바이러스가
찾아왔다!

　　2020년 9월에 중국 공정원의 중난산 원사가 중국의 최고 훈장인 공화국 훈장을 받았다. 그는 2003년 사스가 발생했을 때 '사스 퇴치 영웅'으로 불리던 인물로, 2020년에 코로나19 퇴치에도 큰 공을 세워 최고 훈장을 받았다. 사실 사스와 코로나19는 모두 코로나바이러스(Coronavirus)의 변이로 인해 발생했고, 중국에서 시작되었다는 것이 일반적인 의견이다. 이제 사스가 발생한 당시 상황 속으로 들어가보자.

☀ 21세기 시작과 함께 찾아온 신종 감염병

　　사스(SARS)*는 '중증급성호흡기증후군'의 줄임말로, 2002년 중국에서 발생한 신종 감염병이다. 〈사이언스 타임스〉에 따르면 사스는 다음

* SARS: Severe Acute Respiratory Syndrome

과 같이 시작되었다.[1]

2002년 11월 16일 중국 광둥성 포산에서 공무원 한 사람이 발열과 갑작스러운 호흡곤란으로 쓰러졌다. 바로 이 사람이 사스의 첫 환자로 추정된다. 첫 환자가 발생한 지 보름 후 선전에서 요리사 한 명이 비슷한 증상으로 인민병원에 입원했는데 이로 인해 6명의 의료진이 감염되었다. 이후 그해 12월 말에서 그다음 해 1월 초 사이에 중산에서 28명의 환자가 추가로 발생했다.

2003년 1월 30일 광저우에서 조우라는 사람이 순야첸메모리얼병원에 입원했다. 조우는 그 병원에서 이틀간 입원했는데, 그동안 의료진 30명이 사스에 감염되었고 다른 병원으로 이송되는 과정에서 동행한 의사 2명과 간호사 2명 및 구급차 기사가 감염되었다. 이후 옮겨간 병원에서도 그로 인해 간호사 23명 및 환자와 그 가족 18명이 사스에 감염되었다. 이처럼 조우라는 한 사람으로 인해 76명 이상의 사스 감염자가 발생하자 그에게 '포이즌 킹(Poison King)'이라는 별명이 붙었다.

사스의 슈퍼 전파는 불행히도 여기에서 끝나지 않았다. 조우를 치료했던 의사 리우는 사스에 감염된 채로 친척의 결혼식에 참석하기 위해 홍콩으로 갔다. 2003년 2월 21일 홍콩 메트로폴 호텔 911호에 머물던 리우는 몸이 많이 아파 그다음 날 큉와병원에 가서 치료를 받았지만 결국 3월 4일에 사망했다. 이렇게 해서 사스는 중국을 넘어 홍콩으로 퍼지게 되었다.

당시 리우가 머물렀던 호텔에 투숙객 중 23명이 사스에 감염되었고,

이들을 매개로 사스 감염의 확산은 꼬리에 꼬리를 물고 세계로 퍼져 나갔다. 투숙객 중 리우의 맞은편 방에 머물렀던 첸이 사스에 감염된 채 베트남으로 가는 바람에 사스가 홍콩에서 베트남으로 전파되었다. 그해 2월 26일 베트남 하노이 프렌치병원에 입원한 첸으로 인해 그 병원의 의료진 38명이 사스에 감염되었다. 또한 홍콩에서 리우와 같은 호텔에 머물렀던 콴 할머니는 사스에 감염된 채 캐나다 토론토로 돌아갔고 안타깝게도 그해 3월 5일 자신의 집에서 사망했다. 이렇게 사스는 홍콩에서 캐나다로 전파되었으며 콴 할머니로부터 그녀의 아들이, 이후 그 아들로 인해 수백 명이 사스에 감염되었다.

비극은 여기에서 끝나지 않았다. 리우가 머물렀던 홍콩의 호텔에서 사스에 감염된 목이라는 사람이 싱가포르로 이동했다. 2003년 3월 1일 그녀는 싱가포르의 탄톡생병원에 입원했는데, 이로 인해 27명 이상의 의료진과 방문객이 사스에 감염되었고 이후 싱가포르에서 사스 환자가 200명 이상 발생했다. 이와 같은 사스의 발생과 전파 과정을 보면 신종 감염병 사스의 전파력과 위험이 매우 큰 것을 알 수 있다.

2002년 11월 중국 광둥성에서 첫 환자가 발생한 이후 사스가 세계 여러 나라로 확산되자 보건·위생 분야의 국제적인 협력을 위해 설립된 유엔 전문기구인 세계보건기구(WHO.* 이하 WHO로 표기)는 2003년 3월 16일 전 세계에 사스 경계령을 발표했다. 당시 사스는 중국, 홍콩, 싱가포르, 베트남, 캐나다 등 37개 국가로 확산된 상태였는데, WHO는 전

---

* WHO: World Health Organization

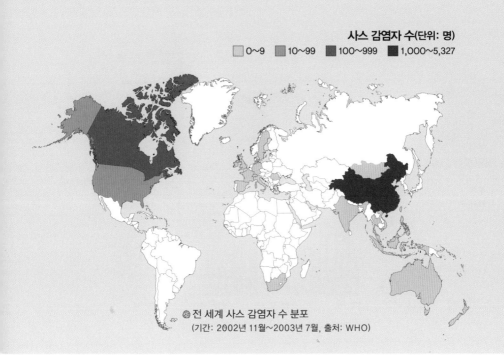

⊛ 전 세계 사스 감염자 수 분포
(기간: 2002년 11월~2003년 7월, 출처: WHO)

세계에서 8,098명의 사스 환자가 발생했고 그중 774명이 사망(치사율 9.6
퍼센트)했다고 발표했다.

당시 감염자 통계를 보면, 중국 5000여 명, 홍콩 1700여 명, 타이완
690여 명으로 대부분 중국과 그 인접 국가에서 발생했다. 우리나라에
서는 17명의 의심 환자와 3명의 추정 환자가 발생했지만, 확진 환자는
한 명도 발생하지 않았고 사스로 인한 사망자도 발생하지 않았다.

2003년 7월 WHO가 타이완을 사스의 위험 지역에서 해제하면서
여러 나라로 확산되었던 사스의 위험한 상황은 끝났다. 2004년 1월까

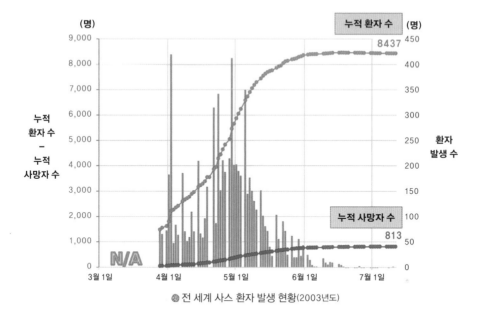

지 중국 광둥성에서 사스 환자가 몇 명 발생했지만 이후 환자가 더 이상 발생하지 않아 2004년 7월에 사스가 종식되었다. 지금까지 사스 환자는 더 이상 발생하지 않고 있다.

☀ 사스는 왜 발생했나

사스의 정체가 밝혀졌다. 사스는 원래 동물에게 있던 코로나바이러스의 일종이 변이를 일으켜 동물로부터 사람에게 옮겨와 감염병을 일으킨 것이다. 사스의 원인 병원체는 'SARS-CoV'라고 이름 붙인 사스 코로나바이러스다. 이 바이러스는 사향고양이를 중간 매개체로 해서 사람에게 옮겨온 것이다.

'사향고양이' 하면 생소한 동물로 느낄 수도 있지만, 고급 커피로 알려진 '코피루왁(Kopi luwak)'을 만들어낸 바로 그 주인공이다. 인도네시아어로 '루왁'은 '사향고양이'라는 뜻이다. 코피루왁은 사향고양이가 커피나무 열매를 먹고 배설한 원두를 모아서 만든 것으로 독특한 풍미와 맛을 지닌 고급 커피로 인기가 높다.

이 사향고양이에게 있던 사스-코로나바이러스가 사람에게 옮겨와 사스라는 감염병을 일으켰다. 그러나 그 사스-코로나바이러스는 원래 사향고양이가 아니라 박쥐에게 있었던 것으로 밝혀졌다. 사실 박쥐는 사스뿐만 아니라 여러 감염병을 일으키는 무서운 바이러스들을 지

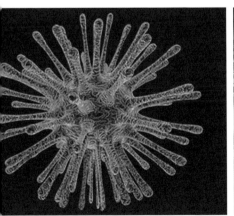 

☺ 그림으로 묘사한 사스 원인 코로나바이러스(SARS-CoV)(왼쪽)와
이 바이러스를 가진 박쥐(오른쪽)

닌 위험한 동물이다.

WHO는 에볼라바이러스의 숙주는 과일박쥐이고, 메르스도 박쥐가 바이러스의 숙주로 낙타를 거쳐 사람에게 전파되었다고 밝혔다. 이뿐만 아니라 코로나19도 박쥐가 바이러스의 숙주이며 천산갑(Pangolin)이나 밍크(Mink) 등의 중간 매개 동물을 거쳐 사람에게 바이러스가 전파되었을 것으로 추정하고 있다.

☀ 사스와 메르스 그리고 코로나19는 형제다?!

2020년 전 세계를 강타한 코로나19는 사스와 메르스를 일으킨 원인 바이러스와 같은 종류에 속하는 코로나바이러스의 일종이다. 사람에게 병을 일으키는 코로나바이러스는 일곱 가지 유형이 있다. 그중 네 가지(HCoV-229E, HCoV-OC43, HCoV-NL63, HKU1)는 일반 감기를 일으키는 유형이고, 나머지 세 가지는 사스(SARS-CoV)와 메르스(MERS-CoV) 및 코로나19(SARS-CoV-2)로 중증 폐렴을 일으키는 유형들이다.[2] 모두 코로나바이러스에 속하지만 조금씩 다르게 변이가 일어나 서로 다른 양상으로 사람에게 감염된다. 그리고 감염된 후 가벼운 감기부터 심한 폐렴에 이르기까지 다양한 증상이 나타나며, 감염된 사람의 호흡기, 위장관, 간, 신경 등에 질환을 일으킨다.

코로나바이러스는 1960년대에 처음 발견되었는데, 성능 좋은 전자현미경으로 관찰하면 마치 왕관처럼 생겼다고 해서 왕관을 뜻하는 라틴어 '코로나(Corona)'를 바이러스의 이름에 붙였다. 하지만 실제로는 표면

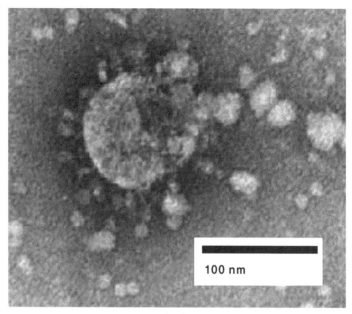

◉ 사스 원인 코로나바이러스의 전자현미경 사진

에 돌기가 많이 붙어 있는 공처럼 생겼다. 마치 어린이가 가지고 노는 캐치볼처럼 생겼고, 공 모양의 표면에 작은 돌기들이 빼곡하게 돋아나 있다.

코로나바이러스는 조류, 설치류 및 사람을 포함한 포유류 등에 감염되는 RNA 바이러스로 약 30킬로베이스(kb)*의 유전체를 가지고 있다.[3] 코로나바이러스 표면에 있는 돌기는 스파이크 단백질인데, 이 스파이

* 킬로베이스(kb)는 핵산을 구성하는 염기의 연결 단위로 1,000염기=1kb다. 30kb는 약 0.009밀리미터다.

크 단백질 돌기를 이용해 사람 몸의 세포에 달라붙은 다음 바이러스 속에 있는 유전물질인 RNA가 사람 몸의 세포 속으로 들어간다. 이후 이 RNA의 유전 정보를 이용하여 세포 속에서 새로운 바이러스를 많이 만든다.

여기서 잠깐! 코로나바이러스는 유전물질로 DNA가 아닌 RNA를 가지고 있기 때문에 돌연변이가 쉽게 일어날 수 있다. 일반적으로 사람을 비롯한 여러 동물과 식물의 유전 정보는 세포 속 DNA에 들어 있다. 그런데 일부 바이러스는 DNA가 아닌 RNA에 유전 정보가 있다. 코로나바이러스처럼 RNA에 유전 정보가 있으면 숙주 세포 속에서 복제하기 위해서 먼저 RNA를 DNA로 바꿔주는 역전사 과정을 거쳐야 하는데 이 과정에서 오류가 자주 발생한다. 이 때문에 코로나바이러스의 변이가 쉽게 일어난다.

이처럼 바이러스의 유전 정보 일부가 변하면 결과적으로 변형된 유전자가 발현되어 조금 다른 단백질이 만들어질 수 있다. 그 결과 코로나바이러스가 사람 세포에 달라붙는 정도, 감염된 후 나타나는 병적인 증상, 전염력과 치사율 등에 영향을 줄 수 있다. 흔히 바이러스가 변이를 일으키면 사람에게 해로운 방향으로 변할 것이라고 생각하기 쉬운데 그렇지 않다. 이러한 바이러스의 변이는 나쁜 방향으로 진행될 수도 있지만 경우에 따라서는 오히려 독성이 약해지는 방향으로 진행되기도 한다.

이와 같은 현상은 코로나바이러스뿐만 아니라 다른 바이러스들에서도 일어난다. 예를 들어 독감의 원인인 인플루엔자바이러스와 에이즈를 일으키는 인체면역결핍바이러스 등이 있다. 인플루엔자바이러스도 RNA를 가진 바이러스이기 때문에 바이러스 변이가 자주 일어난다. 그래서 매년 독감 백신을 새로 만들어 사용하고 있다.

☀ 사스와 코로나19의 유사점

단순히 '사스(SARS)'와 '코로나19(COVID-19)'라고 하면 전혀 관련이 없는 것처럼 보인다. 그렇지만 그 원인 바이러스의 공식적인 이름을 보면 뭔가 의심스러운 생각이 든다. 사스의 원인 바이러스는 'SARS-CoV'이고 코로나19의 원인 바이러스는 'SARS-CoV-2'다. 얼마나 닮았으면 처음 것의 이름에 '-2'라고 표기해서 이름을 지었을까? 실제로 2019년 12월 중국 우한에서 코로나19 환자가 최초로 발생했을 때 환자들이 2002년에 발생했던 사스와 유사한 증상을 보이자 의사들은 매우 긴장했다.

이후 코로나19의 원인 바이러스에 관한 연구와 더불어 사스와의 유사점을 조사하는 연구가 진행되었다. 영국 런던위생열대의학대학원의 아넬리스 와일드 스미스 교수팀은 〈더 란셋The Lancet〉에 다음과 같이 발표했다.[4] 사스와 코로나19바이러스의 유전자가 86퍼센트 일치한다는 점, 두 바이러스 모두 박쥐로부터 왔다는 점, 감염된 후 평균 잠복기가 5일 정도라는 점, 감염자의 재생산지수(Ro)가 2.2 정도라는 점 등에서 사스와 코로나19가 유사하다고 밝혔다.

또한 이 연구팀은 사스와 코로나19의 차이점도 지적했다. 먼저, 사스는 2002년에 발생해서 8개월 동안 약 8,000명의 감염자와 774명의 사망자를 기록한 후 종식되었다. 반면에 코로나19는 첫 환자가 발생한 후 2달 만에 8만 명 이상의 감염자와 2,800명의 사망자를 기록했다. 이후 전 세계로 확산되어 팬데믹* 사태를 일으키며 수많은 감염자와 사망자가 발생했다. 이처럼 사스와 비슷한 코로나바이러스가 원인이 되어 발생한 코로나19는 2020년 전 세계를 휩쓸며 엄청난 재앙을 가져왔다.

또 다른 중요한 차이점은 무증상 감염에 관한 것이다. 보통 바이러스나 세균에 의해 병에 걸리면 증상이 없는 잠복기를 거친 후 여러 증상이 나타난다. 사스는 잠복기에는 다른 사람에게 바이러스를 전파하여 감염시키지 않는다. 그런데 코로나19는 잠복기에도 바이러스를 다른 사람에게 퍼뜨려서 감염시킨다는 것이 밝혀졌다. 그 이유가 코로나19에 감염된 환자가 감염 초기에 많은 바이러스를 만들어서 배출하기 때문이라는 것이 연구를 통해 밝혀졌다. 이처럼 코로나19는 사스와 비슷한 듯하지만 훨씬 더 무서운 존재다.

또한 사스에 감염되었던 환자의 몸속에 있는 항체가 코로나19에 감염되는 것을 막아주는 효과가 있다는 연구 결과가 발표되었다. 미국

---

* pandemic: 전염병의 위험도에 따라 전염병 경보단계를 1단계에서 6단계까지 나누는데 최고 경고 등급인 6단계를 '팬데믹'이라 한다. 그리스어로 'pan'은 '모두', 'demic'은 '사람'을 뜻한다. 감염병이 세계적으로 전파되어 모든 사람이 감염된다는 뜻으로 우리말로 풀어쓰면 감염병의 '세계적 유행'이며 본문에서는 '대유행'으로 표기한다.

비어 바이오테크놀로지(Vir Biotechnology) 등 국제 공동 연구팀 〈네이처 Nature〉에 다음과 같은 연구 결과를 발표했다.[5] 이 연구팀은 사스에 감염되었던 환자의 몸에서 25개의 항체를 분리해서 사스바이러스뿐만 아니라 코로나19바이러스도 막아줄 수 있는지 조사했다. 연구 결과 25개의 항체 중에서 8개의 항체가 코로나19 감염을 막아주는 효과가 있다는 것을 알아냈다. 또한 바이러스의 스파이크 단백질을 조사한 결과 사스와 코로나19바이러스의 스파이크 단백질은 아미노산 서열에서 80퍼센트나 일치한다는 것도 밝혀냈다.

우리 몸속에는 병균이나 바이러스 등에 대항해서 싸우는 '항체'라는 면역물질이 있다. 어떤 병균이나 바이러스에 감염되어 아팠다가 나으면 우리 몸속에 항체가 만들어져서 다음에 똑같은 병균이나 바이러스가 침입해 들어오면 빨리 찾아내서 물리치는 일을 한다. 바이러스의 스파이크 단백질에 항체가 달라붙어 우리 몸의 세포 속으로 바이러스가 침투하는 것을 막아낸다는 것이다. 생물학자들은 항체가 이전에 몸속으로 침입했던 병균이나 바이러스를 '기억'하고 있다가 다시 침입하면 알아보고 무찌른다고 말한다. 단백질 덩어리인 항체가 무언가를 기억하고 식별해내고 있다니, 말도 안 되는 것 같지만 이는 실제로 우리 몸속에서 일어나고 있는 생명의 신비 중 하나다.

사스 항체에 이런 효과가 있다면 메르스 항체는 어떨까? 사스와 메르스와 코로나19는 모두 코로나바이러스이므로 그것들의 항체는 서로 비슷한 효과를 낼 것으로 추측해볼 수 있다. 메르스에 감염되었던 환자 몸의 항체가 코로나19를 막아주는 효과가 있는지에 대한 연구도 진행되었다. 한국화학연구원 신종바이러스 융합연구단은 '바이오 아카이브'*에 다음과 같은 연구 결과를 발표했다.[6] 이 연구팀은 사스 중화 항체 2개와 메르스 중화 항체 1개가 코로나19 원인 바이러스의 스파이크 단백질에 결합할 수 있다는 것을 알아냈다. 즉, 사스와 마찬가지로 메르스에 감염되었던 사람 몸속의 항체가 코로나19 감염을 막아주는 효과가 있다는 것이다.

그렇다면 사스와 메르스에 감염되었던 사람은 코로나19에 감염되지 않을까? 세상 모든 것이 유한하고 유통기한이 있듯이 질병에 저항하는 항체도 영원하지 않다. 앞에서 살펴본 연구팀들의 연구는 실험실 수준에서 항체가 바이러스의 감염을 차단할 수 있는지에 대한 것이다. 2003년이나 2015년에 사스와 메르스에 감염되었다면 이미 시간이 많이 지나서 몸속에 코로나바이러스에 저항할 항체가 남아 있지 않을 것이다. 따라서 예전에 사스와 메르스에 감염되었던 사람이라 해도 코로나19에 감염될 수 있다.

2020년에 우리나라와 해외에서 코로나19에 감염되었다가 나은 사람이 얼마 지나지 않아 코로나19에 다시 감염되는 일이 발생해 놀라게 했다. 정말 두 번째로 감염된 것인지에 대해 과학적인 조사가 진행되었다. 그 결과 처음 감염되었던 코로나19바이러스의 유전자가 두 번째 감염되었던 코로나19바이러스의 유전자와 차이가 난다는 것이 밝혀지면

* bioRxiv: 연구자가 연구 논문을 동료 평가 이전에 미리 온라인에 공개하는 사이트

서 재감염된 것으로 결론이 났다. 코로나19에 감염되었다가 나으면 몸속에 코로나19바이러스에 저항하는 항체가 분명히 있을 텐데 왜 또다시 코로나19에 감염되었을까? 질병관리본부는, 코로나19에 감염되어 항체가 만들어졌더라도 항체가 오래가지 못해서 다시 감염되었을 것이라고 설명했다.

사스와 메르스 관련 항체가 코로나19 감염을 막아주는 효과가 있다는 연구 결과는 중요하다. 이는 사스와 메르스 및 코로나19 같은 코로나바이러스가 병을 일으키는 과정과 예방 등에 대한 생물학적인 작용 원리(메카니즘, 기제)를 구체적으로 파악할 수 있도록 해주기 때문이다. 또한 이러한 항체 연구 결과는 코로나19와 같은 신종 감염병을 예방하는 백신이나 치료제 등을 개발하는 데에도 중요하게 이용된다.

☀ 사스 감염과 환자 증상

사스 감염 과정은 이렇다. 사스에 감염된 사람이 기침이나 재채기를 할 때 입에서 아주 작은 침방울(비말)이 공기 중으로 많이 배출되는데 그 속에 사스를 일으키는 원인 바이러스들이 잔뜩 들어 있다. 이렇게 공기 중에 배출된 침방울이 근처에 있던 사람의 입, 코, 눈 등의 점막에 붙고 그 속에 있던 바이러스가 그 사람의 몸속으로 침투하여 감염을 일으킨다.

이외에도 사스에 감염된 사람이 만진 물건의 표면에 묻어 있는 사스 - 코로나바이러스가 다른 사람들의 손으로 옮겨지고 그 손으로 입,

코, 눈 등을 만지면 몸속으로 침투하여 감염을 일으킬 수 있다. 이뿐만 아니라 사스 환자의 호흡기 분비물이나 체액 등에 직접 닿았을 때에도 사스에 감염될 수 있다. 따라서 사스 감염을 피하려면 환자와 식사 도구나 컵 등을 같이 사용하지 않고 가까운 거리에서 대화를 하거나 신체를 접촉하는 행동을 피해야 한다.

사스가 발생했을 당시 많은 사람을 감염시킨 '슈퍼 전파자'로 그 확산이 더욱 가속화되었다. 사스의 감염재생산지수(Ro)는 2.2다. 그러니까 한 사람의 사스 감염자가 평균 2.2명을 감염시킨다는 뜻이다. 여기에 수십 명 또는 100명 이상의 사람에게 사스를 감염시킨 사람을 '슈퍼 전파자'라고 한다. 앞에서 언급했던, 2003년 100명이 넘는 사람에게 사스를 전파한 '조우'가 바로 그렇다. 이러한 슈퍼 전파자는 이후 코로나19 팬데믹 상황에서도 발생했다. 2020년에 우리나라 국내 31번 코로나19 환자로부터 70명이 감염되었고 인도에서는 한 사람의 환자로부터 600명이나 감염된 사례도 있다. 이처럼 감염병은 사람과 사람 사이에서 무섭게 퍼져나간다.

사스에 감염되면 4~6일의 잠복기를 거친 후 독감과 같은 증상을 보이다가 발열, 권태감, 근육통, 두통, 오한 등이 나타난다. 발열이 가장 흔한 증상이지만 초기에 발열이 없을 수도 있다. 사스 환자 중 20퍼센트 정도는 호흡부전 등으로 집중 치료가 필요한 중증환자로 진행되며, 설사 증상을 보이는 환자도 많다.

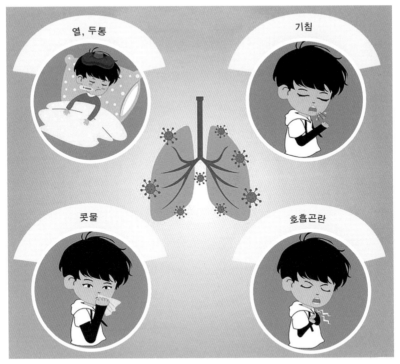

🐞 사스 감염 환자의 주요 증상

☀️ 사스 검사와 치료는 어떻게 할까

사스에 감염되었는지에 대한 검사는 코로나19 검사와 비슷하며 다음과 같이 세 가지 방법이 있다.[7]

첫 번째는 유전자 검사법이다. 환자로 의심되는 사람으로부터 최소한 두 종류 이상의 검체를 채취한 후 유전자 증폭(PCR) 방법을 이용해 그 사람이 사스바이러스의 유전자를 가지고 있는지 검사해서 양성인지 음성인지 판정을 내린다. 이때 보통 비인두도말(鼻咽頭塗抹, 콧속에서 들숨이 만나는 공간의 분비물)로 검체를 채취하거나 대변 등에서 검체를 채취하여 검사한다.

두 번째는 혈청 검사 방법이다. 혈청이란 사람의 피 성분 중에서 액체 성분을 말한다. 그러니까 사람의 몸에서 피를 뽑아서 그 속에 사스바이러스의 감염으로 인해 생긴 항체가 있는지의 여부를 조사하는 것이다. 사스에 감염된 사람은 바이러스에 대항하기 위해 만들어진 항체가 핏속에 존재하기 때문에 이것을 조사해서 감염 여부를 판정한다.

세 번째는 바이러스 분리 방법이다. 검사받는 사람으로부터 얻은 검체에서 사스-코로나바이러스를 배양·분리해내 확인하는 방법이다.

이러한 세 가지 방법 중에서 혈청 검사 방법은 사스에 감염되어 증상이 나타나고 10일 정도 지난 후에야 항체 검사에서 양성으로 판정할 수 있기 때문에 감염 초기에 확실하게 진단하기 어렵다는 한계가 있다. 반면에 유전자 검사법은 감염 초기에 감염 여부를 확인할 수 있는 정확한 방법이다.

사스 환자를 치료할 딱 맞는 치료제가 없어서 증상을 완화시켜주는 치료 방법이 사용되었다. 그 당시 새롭게 출현한 신종 감염병인 사스의 치료에 기존의 항생제나 항바이러스제 등이 효과가 없었던 탓에 그저 증상을 완화시켜주는 정도의 치료를 할 수밖에 없었다. 증상이 심해져서 호흡이 곤란한 환자에게는 산소 공급을 원활히 해주는 기계 호흡

장치의 연결과 2차 감염을 막기 위한 항균제 투여 등의 처치를 해주었다. 그러나 바이러스에 의해 발생한 사스 치료에서 세균을 죽이는 항균제는 직접적인 효과가 없었다.

다행히 사스는 2003년 7월에 세계적인 위험한 상황이 끝났고 2004년 7월에 종식되었다. 하지만 첨단 과학이 고도로 발달한 21세기에도 여전히 여러 신종 감염병이 발생하여 세계를 공포에 떨게 하고 있다.

메르스
지금도 중동의
풍토병으로 남아 있다?!

이슬람 성지 순례(Hajj) 기간에는 전 세계 180개 국가에서 200만 명의 사람들이 사우디아라비아를 방문한다. 이슬람 성지 순례 기간인 8월 초에 사우디아라비아를 방문하는 우리나라 사람들이 늘어날 것을 예상하고 2019년 7월 질병관리본부는 메르스 감염 주의보를 발표했다. 2015년 우리나라를 두려움에 떨게 했던 메르스가 사라진 줄 알았는데, 여전히 지구상 어디엔가 숨어서 살아남아 있었다. 그곳은 바로 사우디아라비아다.

글로벌 시대에 살고 있는 우리는 중동이라는 먼 곳의 일을 그저 남의 일로만 생각할 수 없다. 실제로 2019년 1~7월 국내에서 메르스 의심 환자가 197명이나 발생했는데 검사 결과 다행히 모두 음성이었다. 이처럼 메르스의 위협은 여전히 우리 곁에 도사리고 있다.

☀ 메르스의 정체는 무엇일까

메르스(MERS)[*]는 '중동호흡기증후군'이라는 신종 감염병의 영어 약자를 딴 이름이다. 우리나라에서는 2015년에 메르스 환자가 크게 증가했지만, 사실 메르스는 2012년 6월 사우디아라비아에서 처음 발생했다. 메르스의 원인 바이러스는 코로나바이러스의 한 종류이며, 박쥐가 자연 숙주였던 바이러스가 매개 동물 역할을 한 낙타를 통해 사람에게 옮겨와서 병을 일으킨 것이다. 즉, 메르스도 사스나 코로나19처럼 '인수공통감염병'에 속한다.

이와 같이 원래 동물에 있던 바이러스가 변이를 일으켜 사람에게 감염되어 병을 일으키는 사례가 여러 차례 발생하고 있다. 동물에 있던 바이러스가 모두 쉽게 사람에게 옮겨와 병을 일으키는 것은 아니지만, 일부 바이러스가 변이를 일으켜 사람에게 감염되면서 많은 인수공통감염병을 일으킨다. 사우디아라비아에서 생겨난 신종 감염병의 원인을 찾아 조사하던 국제바이러스분류위원회(ICTV)의 코로나바이러스 연구단이 2013년 공식적으로 이 신종 코로나바이러스를 '중동호흡기증후군 코로나바이러스(MERS-CoV)'라고 이름 붙였고, 이 명칭을 WHO에서 받아들여 정식 이름이 되었다.

2015년 메르스는 중동을 넘어 유럽과 우리나라 등 27개 국가로 확산되었다. 우리나라에 메르스가 전파된 것은 당시 사우디아라비아를 거쳐 바레인올 방문했던 68세 남성에 의해서였다. 2015년 5월 4일 귀

---

* MERS: Middle East Respiratory Syndrome

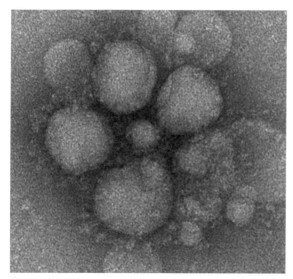

⊛ 메르스 원인 코로나바이러스의 전자현미경 사진

국한 그는 이후 고열과 기침 등의 증상으로 병원에서 진료를 받았는데, 5월 20일 국립보건연구원은 그의 병원체를 확인한 결과 메르스에 감염되었다고 발표했다. 곧이어 그의 가족과 의료진 등에서 2차 감염이 발생했으며 3차 감염으로까지 확산되었다. 특히 병원 내에서 많은 사람이 감염되는 위험한 상황이 벌어졌다. 당시 삼성서울병원 90명, 평택성모병원 37명, 대청병원 14명, 건양대병원 11명 등의 감염 환자가 발생했다.

이렇게 첫 메르스 환자가 발생한 후 2015년 6월 15일까지 국내에서 150명의 메르스 환자가 발생했다. 2015년 5월 이후 6개월 동안 국내에

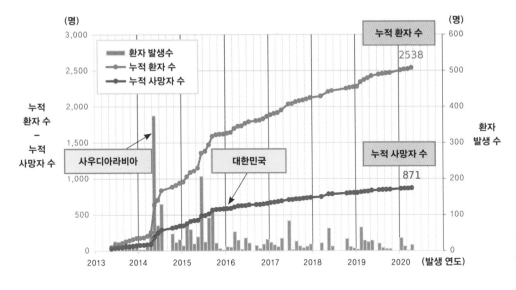

서 총 186명의 메르스 환자가 발생했으며, 이 중 38명이 사망해 치사율이 20.4퍼센트에 이르렀다. 메르스는 사스처럼 전염력이 크지 않아서 다른 사람에게 쉽게 전염되지는 않았다. 그렇지만 당시 우리나라는 사우디아라비아에 이어 세계 2위의 메르스 발생 국가라는 오명을 가지게 되었다.

2015년 6월 26일 기준으로 메르스 환자와 사망자 수를 나라별로 보면, 사우디아라비아가 환자 938명과 사망자 402명, 우리나라가 환자 186명과 사망자 36명, 아랍에미리트가 환자 74명과 사망자 10명, 요르단이 환자 19명과 사망자 6명, 카타르가 환자 10명과 사망자 4명 등이다. 이외에 이란, 영국, 독일, 스페인, 미국 등에서 각각 몇 명씩의 환자가 발생했다. 이로 인해 중동을 뜻하는 'ME' 대신에 한국을 뜻하는 'KO(Korea)'를 넣어서 '코르스(KORS)'라고 부르는 웃지 못할 상황도 벌어졌다. WHO는 당시에 전 세계 메르스 감염자가 2,494명이고 사망자는 858명으로 치사율이 34.4퍼센트라고 밝혔다.

☀ 다시 찾아온 공포의 불청객, 메르스

이처럼 2015년에 많은 나라를 공포에 떨게 만들었던 메르스는 이후에도 위협적인 존재로 남아 지속적으로 환자가 발생했다. 2018년 9월 중동에 여행 갔다 귀국한 61세 남성이 메르스에 감염된 사례가 발생했는데, 쿠웨이트에서 감염되었던 것으로 추정되었다. 이 일이 발생하자 2015년의 악몽이 연상되었다. 그러나 2018년 메르스에 감염된 남성이 밀접 접촉한 항공기 승무원 3명, 택시기사 1명, 삼성서울병원 의료진 4명 등 22명의 검사 결과가 모두 음성으로 나와 다행이었다.

이렇게 2015년과 큰 차이를 보인 이유는 곧바로 대처를 적절히 잘했기 때문이었다. 2018년의 메르스 환자는 귀국하자마자 병원으로 이동했고, 이동 과정에서 다른 사람과의 접촉을 최소화했을 뿐만 아니라 삼성서울병원 선별진료소에 가자마자 바로 음압실에 격리되어 다른 사람이 감염되는 것을 방지할 수 있었다. 그는 서울대병원 국가지정 입원치료병상에서 치료를 받고 2018년 9월 17일에 완치 판정을 받았다. 이후 국내에서 메르스 환자는 발생하지 않고 있다.

✹ 메르스 감염과 증상 및 후유증

메르스에 감염되면 평균 5일 정도의 잠복기를 거친 후 증상이 나타난다. 잠복기는 사람에 따라 차이가 있어 최소 2일, 최대 14일로 알려져 있다. 메르스에 감염되면 발열, 기침, 호흡곤란, 두통, 오한, 인후통, 콧물, 근육통, 복통, 설사 등의 증상이 나타날 수 있다. 또한 백혈구감소증, 림프구감소증, 혈소판감소증 등의 증상도 나타나는 것으로 밝혀졌다. 이뿐만 아니라 급성폐렴이나 급성신부전 같은 합병증이 발생할 수도 있다.[1]

질병관리본부에서 밝힌 메르스 감염을 예방하기 위한 방법은 코로나19 예방법과 비슷하다. 첫째, 손 씻기와 같은 개인위생 수칙을 지키는 것이다. 비누나 손소독제를 사용해 손을 씻고 눈·코·입을 만지지 말며 기침이나 재채기를 할 때에는 옷소매로 입을 가려야 한다. 코로나19와 마찬가지로 메르스도 코로나바이러스에 의해 발병하기 때문에 바이러스가 몸속으로 침입하는 것을 차단하는 것이 첫 번째 예방 수칙이다.

둘째, 여행할 때 동물과 접촉하지 말아야 한다. 메르스는 박쥐에 있던 바이러스가 낙타를 중간 매개체로 하여 사람에게 옮겨간다. 따라서 익히지 않은 낙타고기나 생낙타유를 먹는 것은 위험하다. WHO는 메르스 감염 예방을 위해서 이러한 예방 수칙에 더해서 낙타 오줌을 먹지 말라고 권고하고 있다. 아마도 지구상 어딘가에는 낙타 오줌을 먹는 사람도 있는 모양이다. 사실 사스와 메르스 및 코로나19를 일으키는 코로나바이러스는 기침할 때 입에서 배출되는 작은 침방울뿐만 아니라 대변과 소변을 통해서도 많이 배출된다. 따라서 이런 위험한 바이러스가 들어 있을 수 있는 낙타 오줌은 마시지 말아야 한다.

2015년 국내 메르스 16번 환자는 자신도 모르는 사이에 25명에게 메르스를 전염시켰고 이 중 11명이 사망했다. 이처럼 2015년 메르스 사태에서도 슈퍼 전파자가 발생하여 신종 감염병에 대한 공포가 더욱 커졌다. 그러나 불행 중 다행으로 메르스는 사스와 코로나19에 비해 치사율은 매우 높지만 전염력은 상대적으로 낮아 많은 사람이 감염되는 세계적 대유행으로 번지지는 않았다.

메르스에 감염되어 아팠다가 나아서 완치 판정을 받은 사람들에게서 여러 가지 후유증이 나타났다. 국립중앙의료원과 서울대병원 등 공동 연구팀은 2015년 메르스에 감염되었다가 완치된 148명 중 63명의 정신 건강 문제를 조사하여 그 결과를 2020년 6월 〈BMC〉에 발표했다.[2] 이 연구 결과에 따르면, 메르스에 감염되었다가 완치된 사람의 54 퍼센트(34명)가 1년 후에도 한 가지 이상의 정신 건강 문제를 겪고 있었다. 주요 정신 건강 문제는 외상후스트레스장애(42.9퍼센트)와 우울증(27 퍼센트)이었다. 그리고 중증도 이상의 자살을 생각한 사람이 22.2퍼센트, 불면증을 호소한 사람이 28퍼센트나 되었다. 또한 연구팀은 메르스뿐만 아니라 코로나19 환자에게도 후유증이 나타날 수 있다며 우려를 나타냈다.

실제로 2020년 코로나19에 감염되었다가 완치된 사람에게 여러 후

유증이 발생하고 있다는 보고가 국내외 여러 곳에서 있어 충격을 주었다. 분명히 이들은 더 이상 코로나19바이러스가 몸속에 없다는 완치 판정을 받아 일상생활로 돌아갔지만, 여러 가지 이상한 증상에 계속 시달리고 있다는 것이었다. 이처럼 코로나바이러스에 의한 감염병은 무서운 것이다.

☀ 메르스 검사와 치료법

어느 날 갑자기 열이 많이 나고 기침과 두통, 설사와 복통 증상이 나타난다면 어떻게 해야 할까? 메르스인지 아니면 그냥 독감인지 어떻게 알 수 있을까? 사실 환자의 증상만으로는 알 수가 없다.

유전자 검사와 혈청 검사를 이용해야 메르스 감염 여부를 정확히 알 수 있다.[3] 이는 사스와 코로나19를 진단 검사할 때에도 동일하게 이용하는 방법이다. 먼저, 유전자 검사는 검사받는 사람에게서 채취한 검체로부터 추출한 유전자를 분석하여 메르스바이러스의 유전자가 있는지 조사하여 감염 여부를 판정하는 방법이다. 이때 최소 2개 이상의 특이 유전자를 증폭시켜서 조사한 다음에 그 결과를 보고 판정을 내린다. 다음으로 혈청 검사 방법은 메르스에 감염된 사람의 몸속에 생긴 항체를 조사하는 것이다. 그러니까 메르스에 감염된 사람의 몸속에서만 생기는 항체를 조사해 메르스의 감염 여부를 판정하는 것이다.

메르스에 감염된 환자를 치료하기 위한 성확한 항바이러스제 치료제가 없었던 탓에 환자의 증상을 완화시켜주는 대증요법으로 환자를 치료했다. 이러한 상황은 사스 환자의 치료 상황과 같았다. 다행히 최근에 메르스 치료제가 개발되고 있다는 반가운 소식이 들려오고 있다. 사스는 종식되어 더 이상 환자가 발생하지 않지만 메르스는 최근까지도 지속적으로 환자가 발생하고 있어 치료제가 꼭 필요하다.

국내 기업인 셀트리온이 2020년 5월에 정부로부터 22억 원의 연구비를 지원받아서 메르스 항체 치료제 'CT-P38'을 2022년까지 개발한다는 목표로 연구를 진행하고 있다. 셀트리온은 2015년 국내에서 메르스 환자가 발생하자 신속하게 CT-P38의 연구를 진행하여 치료제 후보물질 발굴에 성공했으며 이를 기반으로 CT-P38의 비임상시험*과 임상시험을 진행할 계획이라고 밝혔다.[4] 이처럼 메르스 치료제는 개발 중에 있지만 메르스 백신은 아직 없다.

☀ 중동의 풍토병으로 자리 잡은 메르스

사우디아라비아에서 처음 발생한 메르스는 사우디아라비아, 오만, 아랍에미리트, 쿠웨이트, 카타르, 요르단, 레바논, 이란, 예멘, 이스라엘, 바레인, 이라크, 시리아 등에서 주로 발생하고 있다.[5] WHO에 따르면 지금까지 전 세계 27개 국가에서 메르스가 발병했는데 사우디아라비아에서 84퍼센트의 환자가 발생했다. 또한 WHO는 메르스는 종식되지 않았고 메르스의 원인 바이러스가 토착화되어 중동의 풍토병으로 자리 잡았다고 밝혔다.

---

* 비임상시험: 개발 중인 치료제의 독성과 치료효과 등을 검증하기 위한 동물실험

2020년 11월 27일 기준으로 전 세계에서 62명의 메르스 감염자가 발생했고 19명이 사망했다. 나라별로는 사우디아라비아가 감염자 58명에 사망자 19명이고, 아랍에미리트가 감염자 3명, 그리고 카타르가 감염자 1명이었다. 또한 국내에서도 128명이 의심 환자로 분류되었다.[6] 이처럼 코로나19 대유행 상황에서도 메르스의 위협은 여전히 현재 진행형이다. 이제 이러한 신종 감염병에 대처하는 지혜가 더욱 필요한 시대다.

코로나19
팬데믹을 몰고 온 신종 감염병

2019년 12월 중국 우한(武漢)에서 신종 감염병이 발생했다. 이 신종 감염병 '코로나바이러스감염증-19(코로나19)'가 우한에서 처음 발생한 후 겨우 석 달 만에 환자 수가 8만 명이 넘어섰고 사망자 수도 2천 명이 넘었다. 우리나라에는 2020년 1월 20일 첫 환자가 발생한 이래로 전국에서 많은 환자가 발생했다. 이후 시간이 지남에 따라 사태가 진정되기는커녕 중국, 일본, 한국 등 아시아뿐만 아니라 세계 여러 나라로 들불처럼 번져 나갔다.

급기야 WHO는 2020년 1월 30일 '국제 공중보건 비상사태(PHEIC)'를 선포했으며, 2월 29일 전 세계 위험 등급을 '매우 높음'으로 상향 조정했다. 그러나 코로나19는 더욱더 빠르게 전 세계로 확산되어갔다. 이처럼 사태가 심각해지자 WHO는 3월 11일 팬데믹, '세계적 대유행'을 선언했다. 불과 몇 달 만에 200개국이 넘게 코로나19가 확산되어 수많은 환자와 사망자가 발생했다.

☀ 우한에서 신종 감염병이 발생하다

신종 감염병이 출현하여 환자가 급성폐렴에 걸렸다는 보고가 중국 우한에서 2019년 12월 8일에 나왔다. 새로운 병이어서 원인도 모르고 얼마나 위험한지도 모른 채 환자가 늘어나자 중국 의료진들은 당황하며 환자 치료에 힘썼다. 이렇게 시작된 새로운 병은 한때 '우한 폐렴'이라 불렸다.

중국 당국이 이 신종 감염병의 발생 초기에 어떻게 대응했는지에 대한 내용은 중국 질병통제예방센터 연구팀이 발표한 논문에 자세히 적혀 있다.[1] 중국 당국은 이 신종 감염병의 최초 발생지로 지목된 우한시 수산물시장을 2020년 1월 1일 폐쇄했다. 중국 질병통제예방센터는 1월 3일 코로나19바이러스의 유전자 분석을 완료했고, 1월 8일 신종 코로나바이러스라고 공식적으로 발표했으며, 그 유전자 정보를 1월 10일 공식적으로 공개했다. 거의 동시에 중국 질병통제예방센터는 1월 6일 위기 대응 2단계를 발표했고 1월 15일 이를 높여 최고 단계인 1단계로 상향 발표했다. 중국 당국이 이처럼 초기에 빠르게 대응했음에도 신종 감염병의 확산을 막지는 못했다. 1월 13일 중국을 넘어 태국에서 첫 확진자가 발생한 것을 시작으로 세계 여러 나라로 확산되었다.

2020년 2월 12일 WHO는 중국 우한에서 발생한 신종 감염병을

'COVID-19'라고 붙였다.* 이에 우리나라 정부는 '코로나바이러스감염증-19(코로나19)'라고 정했다.

☀ 코로나19의 원인과 주요 증상

코로나19가 발생한 지 불과 한두 달 만에 중국과 세계 여러 나라에서 환자가 급격히 증가하자 그 바이러스의 정체를 파악하기 위한 연구도 빠르게 진행되었다. 초기에 '우한 폐렴'이라고 불렸던 것처럼 이 원인 바이러스는 특징적으로 '폐'와 '신장' 등을 주로 공격했다. 코로나19 환자의 증세는 2002년에 발생한 사스와 비슷했다. 연구를 통해 밝혀진 코로나19바이러스의 정체가 사스바이러스와 비슷하여 코로나19바이러스의 이름도 사스바이러스(SARS-CoV)와 비슷하게 'SARS-CoV-2'라고 지었다.

코로나19바이러스의 지름은 80~100나노미터**다. 쉽게 말해서, 문구용 자의 가장 작은 눈금인 1밀리미터를 1만 개로 쪼갠 다음에 그 하나를 집어 들면 바로 코로나19바이러스 하나의 크기다. 이렇게 작기 때문에 코로나19바이러스는 맨눈으로는 볼 수 없을뿐더러 성능이 아주 좋은 광학현미경을 최대 배율로 확대해도 볼 수 없다. 단지 성능 좋은 전자현미경으로 관찰해야만 이 바이러스의 형태를 볼 수 있다.

코로나19의 초기 증상이 일반 감기와 비슷하기 때문에 증상만으로

---

* WHO는 병명에 지역명을 사용하지 않으므로 '우한 폐렴'이 아닌 'COVID-19'를 정식 명칭으로 정했다.
** 1나노미터=1×10^{-9}미터

는 코로나19에 감염되었는지 그냥 감기에 걸렸는지 구별하기 어렵다. WHO는 열이 나고 피로하며 마른기침이 나는 것이 가장 흔한 증상이고 통증, 콧물, 인후염 및 설사 등이 발생할 수 있다고 밝혔다. 그리고 일부 환자들은 증상이 악화되어 중증으로 나빠질 수도, 반대로 감염되어도 증상이 나타나지 않는 경우도 있다고 덧붙였다.

질병관리본부는 코로나19에 감염된 사람의 80퍼센트 정도는 특별히 치료하지 않아도 자연적으로 회복된다고 밝히면서, 고령자나 고혈압, 당뇨병, 심장질환 등 기저질환(평소에 앓고 있는 만성적인 질병)을 가지고 있는 사람은 중증으로 진행될 가능성이 높다고 밝혔다.

코로나19 환자 138명의 증상을 조사한 중국 우한대 중난병원 연구팀의 논문이 2020년 7월에 발표되었다.[2] 이 조사에 따르면, 조사 대상인 환자 138명의 평균 연령은 56세(22~92세)이고 26.1퍼센트(36명)가 중환자실 치료를 받았으며 치사율은 4.3퍼센트(6명)였다. 또한 환자의 주요 증상으로는 발열 98.6퍼센트(136명), 피로 69.6퍼센트(96명), 마른기침 59.4퍼센트(82명), 림프구감소증 70.3퍼센트(97명) 등이었다. 또한 모든 환자의 흉부 컴퓨터 단층(CT) 촬영에서 폐에서 반점형 음영 등이 관찰되었다. 그리고 완치된 환자들은 평균 10일 동안 병원에 머물며 치료를 받았다.

☀ 무증상 감염, 감염되었는데도 증상이 없다?

일반적으로 병을 일으키는 병균이나 바이러스에 감염되면 본격적인 병의 증상이 나타나기 전인 잠복기에는 바이러스의 양이 적어서 다른 사람을 전염시키지 않는다. 그래서 코로나19에 감염된 사람도 잠복기에는 다른 사람에게 바이러스를 전파하여 감염시키지 않을 것으로 추측했다. 그런데 이러한 추측이 틀렸다는 것이 드러났다.

국내에서 증상은 없지만 코로나19에 감염된 사람이 다른 사람을 감염시키는 사례가 발생하자 무증상자나 잠복기에 있는 사람이 다른 사람을 감염시킬 수 있는지에 대한 논란이 일었다. 초기에 WHO는 코로나19 무증상자로부터 다른 사람이 감염될 위험은 매우 낮다고 발표했다.

그러나 국내에서 무증상자로부터의 감염 사례가 여러 건 보고되었고, 전문가들은 무증상자로부터의 감염 가능성이 높지는 않지만 가능하다고 설명했다. 그러니까 감염 초기에는 바이러스의 양이 많지 않아 본격적인 증상이 발현되지 않기 때문에 확진자 본인은 증상을 느끼지 못하지만 그 바이러스가 다른 사람에게 전염될 가능성이 있다는 뜻이다.

코로나19가 확산되면서 무증상 감염으로 의심되는 사례들이 더 많이 보고되었다. 홍콩대학의 원퀵융 교수팀이 2020년 1월 홍콩대 선전병원에 입원한 가족을 대상으로 무증상 감염 관련 조사를 진행했다.[3] 이 연구팀은 가족 중 증상이 없는 10세 소년에게서 CT 촬영으로 폐렴 증세를 발견했는데, 이를 근거로 무증상 감염이 가능하다고 주장했다. 또한 독일에서 증상이 없는 중국인에 의해서 다른 사람이 감염된 사례

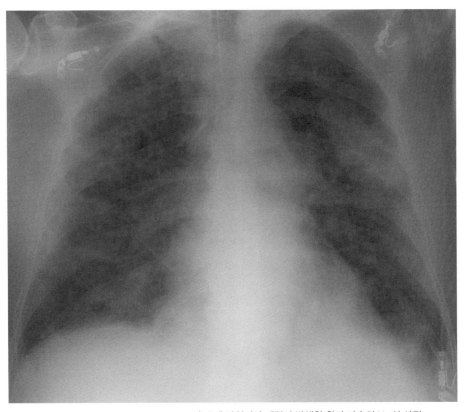

⊚ 코로나19에 감염되어 폐렴이 발생한 환자 가슴의 X-선 사진

가 발생하여 무증상 감염이 가능할 수 있다는 주장도 제기되었다. 그러나 이후 조사에서 그 중국인이 이미 근육통 등의 증상으로 해열제를 복용했던 것이 확인되어 무증상 감염 사례는 아닌 것으로 밝혀졌다.

하지만 무증상 감염이 의심되는 사례들이 계속 나타나면서 좀 더 자세한 연구가 진행되었다. 2020년 1월 26일 중국 국가위생건강위원회는 코로나19 잠복기에도 전염성이 있다고 발표했고, WHO도 2020년 1월 29일 코로나19가 무증상 감염이 가능하다고 공식 발표했다. 이후 우리나라에서도 보건복지부 박능후 장관이 2020년 2월 2일에 무증상 환자로부터 감염되는 경우도 존재한다고 발표하며 주의를 당부했다.

아이슬란드 보건부와 국립대병원 연구팀은 코로나19 무작위 검사를 통해 무증상 감염 조사를 2020년 봄에 진행했다.[4] 이 연구팀은 코로나19 초기 확산을 조사하기 위해 무작위로 1만 797명을 뽑아서 코로나19 검사를 진행했는데, 0.8퍼센트에 해당하는 87명이 양성 반응을 보여 코로나19에 감염된 것으로 확인되었고, 양성 반응을 보인 확진자의 절반이 무증상인 것으로 드러났다고 발표했다. 이 조사를 통해 아무 증상도 느끼지 못하는 무증상 감염자가 실제로 많이 존재한다는 것이 확인되었다.

또한 무증상 감염자로부터 다른 사람이 얼마나 많이 감염되는지에 관한 조사가 홍콩대 감염병역학통제센터 에릭 루 교수팀이 진행했는데 그 결과를 2020년 4월 〈네이처 메디슨〉에 발표했다.[5] 이 연구팀은 중국 광저우 제8인민병원에 입원한 코로나19 환자 94명을 대상으로 조사했다. 그 결과 환자들에게 증상이 나타나기 전이나 증상이 나타나기 시작할 때 바이러스 양이 최대치에 달했고 이후 21일에 걸쳐 줄어드는 것을 알아냈다. 또한 코로나19 환자가 어느 시점에 감염되었는지를 분석하면서 2차 감염된 환자 중 44퍼센트가 무증상 환자로부터 감염되었다는 것을 알아냈다. 이는 무증상 환자로부터의 코로나19 전파 가능성뿐만 아니라 위험성을 보여주는 연구 결과다. 무증상 감염이 지속되면 지역사회 확산 방지를 위한 방역은 더욱 어려워진다.

☀ 다양한 특이 증상

코로나19 발생 초기에는 드러나지 않았지만, 전 세계에 수많은 환자가 발생한 팬데믹 상황에서 예상치 못한 코로나19 증상들이 속속 보고되었다.

코로나19에 감염되었던 미국 NBA 농구 선수 루디 고베어는 4일 동안 아무런 냄새를 맡지 못했다고 2020년 3월에 밝혔다. 코로나19에 감염되었다고 갑자기 냄새를 맡지 못하다니, 어찌된 일일까? 당시 영국 이비인후과의사회는 코로나19에 감염되면 냄새를 맡는 후각 기능을 잃어버릴 수 있다고 발표했다.[6] 그 이유는 코로나19바이러스가 콧속에서 활발하게 증식하기 때문이라고 밝혔다. 따라서 갑자기 후각 상실 증상이 나타난다면 코로나19에 감염된 것이 아닌지 의심해보고 검사를 받고 자가 격리할 필요가 있다는 권고도 덧붙였다.

이처럼 코로나19에 감염되었을 때 냄새를 맡지 못하는 현상은 외국뿐만 아니라 우리나라에서도 많이 발생했다. 대구의 코로나19 환자 3,191명을 조사한 대구시의사회는, 이들 중 후각이나 미각의 이상을 느낀 사람은 990명(31퍼센트)로, 이 가운데 후각 이상을 느낀 사람이 386명(12.1퍼센트), 미각 이상을 느낀 사람이 353명(11.1퍼센트), 후각과 미각 모두 이상을 느낀 사람도 251명(7.9퍼센트)이라고 밝혔다. 이와 관련하여 이비인후과 전문의는 코로나19가 아닌 일반적인 코로나바이러스가 원인이 되어 걸리는 감기 환자의 15퍼센트 정도가 냄새를 맡지 못하는 증상을 경험한다고 설명했다. 사실 코로나19의 원인 바이러스도 코로나바이러스의 일종이기 때문에 후각과 미각의 이상 증상도 비슷한 것이다. 이는 코로나바이러스가 코와 입의 상피세포에 감염되어 증식함으로써 냄새와 맛을 담당하는 세포들이 손상되기 때문이다.

코로나19 감염자의 소화기 증상과 관련한 연구가 중국 빈저우의과대학 연구팀에 의해 진행되었다.[7] 이 연구에 따르면 99명(48.5퍼센트)에게 소화기 증상이 나타났다는데, 주요 증상은 식욕부진, 설사, 구토, 복통 등으로 코로나19 감염 환자의 증상에 해당된다.

코로나19에 감염되면 몸속의 백혈구가 감소한다는 보고가 나왔다. 중국과 홍콩 연구팀이 중국 환자 1,099명을 조사한 결과를 발표했는데 입원 환자 중 33.7퍼센트가 백혈구감소증으로 나타났다.[8] 백혈구란 우리 몸에 침투하는 병균과 바이러스를 찾아서 제거하는 역할을 하기 때문에 코로나19에 감염되어 백혈구가 줄어들면 병원체에 대한 저항력이 떨어질 수 있다.

또한 코로나19바이러스가 인체의 면역세포를 파괴할 수도 있다는 연구 결과가 발표되었다.[9] 이 연구를 진행한 중국 상하이와 미국 뉴욕의 공동 연구팀은 코로나19바이러스가 면역세포인 T세포에 침투해서 그 기능을 파괴하는 것을 발견했다. 에이즈바이러스와 마찬가지로 코로나19바이러스도 면역세포를 파괴할 수 있다는 것을 보여주는 연구 결과여서 충격적이었다. 다만 이 연구가 인체에서 진행된 실험이 아니라 실험실에서 배양한 T세포를 이용한 연구 결과라 실제 사람의 몸속에서 똑같은 일이 일어난다고 단정적으로 말하기는 어렵다. 이는 앞으로 좀 더 자세한 연구가 진행되어야 확실하게 알 수 있을 것이다.

☀ 코로나19 치사율

코로나19 환자 중 사망자의 비율을 일컫는 치사율은 아직 코로나19가 종식되지 않아서 정확하게 말하기는 어렵다. 그러나 코로나19 치사율과 관련된 여러 조사 결과들을 살펴보면 어느 정도 알 수 있다.

중국 질병통제예방센터가 중국 환자 4만 4672명을 대상으로 한 치사율에 관한 연구 결과가 2020년 2월에 발표되었다.[10] 이 연구 결과에 따르면 전체 치사율은 2.3퍼센트였고, 70대 환자는 8.0퍼센트, 80대 이상 환자는 14.8퍼센트의 치사율을 보였다. 또한 당뇨병이 있는 환자의 치사율은 7.3퍼센트였다. 이처럼 고령이거나 당뇨병 같은 기저질환이 있는 환자의 치사율이 평균보다 훨씬 더 높았다.

치사율이 나라별로도 크게 차이가 나는 것으로 드러났다. 2020년 3월 11일 기준에 세계 평균 치사율은 3.4퍼센트인데, 이탈리아의 치사율은 무려 6.22퍼센트나 되었다. 이처럼 치사율이 다른 나라에 비해 높은 것은 이탈리아에서 코로나19 환자가 급증해 환자 수가 많은 것에도 원인이 있지만 전문가들은 주요 원인으로 다른 점을 지적했다.

이탈리아의 의료진 인력과 병상 부족이 치사율을 높인 원인이라는 것이다. 다른 유럽의 나라들에 비해 이탈리아는 의사 수는 비슷하지만 간호사의 수가 상당히 적다. 또한 인구 1,000명당 병상 수를 보면, 우리나라가 12개이고 독일이 8개인데 이탈리아는 3개밖에 되지 않았다. 그리고 치사율이 높은 다른 주요 원인으로 이탈리아의 높은 노인인구 비율을 지적하기도 했다. 그러니까 코로나19에 취약한 노인인구가 많은 이탈리아에서 사망자가 많이 발생해 치사율이 높아졌다는 설명이다.

이에 대한 반론이 제기되었다. 왜냐하면 이탈리아가 다른 나라에 비해 노인인구 비율이 상대적으로 높기는 하지만 전 세계적인 고령화 추세로 다른 나라들의 노인인구 비율도 높기 때문이다. 우리나라도 노인인구 비율이 높은 편인데, 코로나19의 치사율은 낮은 수준이었다. 우리나라는 국내에서 코로나19가 확산되는 것을 방지하기 위해 검역과 방역에 매우 적극적으로 나섰고 온 국민이 동참하여 감염 예방 수칙을 생활 속에서 실천했다.

하지만 이탈리아에서는 이러한 검역과 방역에 실패하면서 급속히 환자가 늘어나 많은 노인이 감염되었고 부족한 의료 서비스 현실 때문에 감염된 많은 사람이 적절한 의료 서비스를 받지 못해서 치사율이 높았을 것으로 정리할 수 있다.

그리고 기존에 병을 가지고 있는 사람들의 사망률이 높아서 코로나19 치사율을 높인 주요 원인으로 작용하기도 했다. 이와 관련하여 이탈리아 국립보건원은 다음과 같이 밝혔다.[11] 코로나19로 사망한 사람들의 99퍼센트가 최소한 한 가지 이상의 병을 가지고 있었다. 특히 사망자 가운데 고혈압이나 당뇨병을 앓는 사람이 가장 많았고, 최근 5년 내에 암 진단을 받은 환자를 비롯해 만성 신장 질환자, 폐쇄성 폐 질환자 등의 순이었다. 이처럼 지병이 있는 사람이 코로나19에 감염되면 더욱 위험해질 수 있다.

이제 우리나라의 상황을 보자. 중앙방역대책본부는 2020년 11월 7일 기준으로 코로나19에 의한 감염자는 2만 7284명, 사망자는 477명, 치사율은 1.7퍼센트라고 밝혔다. 또한 연령대에 따른 치사율도 발표했는데, 80대 이상이 20.44퍼센트, 70대는 7.15퍼센트, 60대는 1.25퍼센트, 50대는 0.44퍼센트, 40대는 0.11퍼센트 등이었다. 그리고 감염자 중 성별의 비율을 보면, 남성이 46.7퍼센트, 여성이 53.3퍼센트였다. 또한 치사율은 남성이 1.97퍼센트, 여성이 1.56퍼센트였다. 2021년 3월 14일 기준으로 코로나19 감염자는 9만 5635명, 사망자는 1,669명, 치사율은 1.75퍼센트로 나타났다.

코로나19의 감염자·사망자·치사율을 사스와 메르스의 상황과 비교해보면 다음과 같다. WHO의 통계에 따르면, 사스 감염자는 8,096명, 사망자는 774명, 치사율은 9.6퍼센트였고, 메르스 감염자는 2,494명, 사망자는 858명, 치사율은 34.4퍼센트였다.

월드오미터* 에 따르면, 2020년 11월 7일 기준으로 전 세계 코로나19의 현황은 감염자 4900만 명 이상, 사망자 120만 명 이상, 치사율 2.5퍼센트였다. 또한 2021년 3월 14일 기준으로 전 세계 코로나19 감염자

---

* 국제 통계 사이트(Worldometer)

는 1억 2천만 명 이상, 사망자 266만 명 이상, 치사율 2.2퍼센트였다. 이처럼 코로나19는 사스와 메르스보다 치사율은 낮지만 전염력이 강해서 훨씬 더 많은 환자가 발생했고 사망자도 훨씬 더 많았다.

☀ 코로나19 전염 경로

코로나19가 처음 발생했을 때 사람과 사람 간에 전염될 수 있는지에 대해 의문을 가졌다. 원래 사람에게 존재하던 바이러스가 아니었기 때문이다. 또한 발생 초기 우한시 질병예방통제센터는 중국 CCTV와의 인터뷰에서 전염성이 강하지 않다고 발표했다. 그 당시 WHO도 사람 간 전염 사례가 발생하지 않아서 전염성이 강하지 않다고 발표했다.

그러나 이러한 발표 이후 곧바로 코로나19는 사람과 사람 사이에서 감염되어 빠르게 확산되었다. 이에 따라 2020년 1월 15일 홍콩의 〈사우스 차이나 모닝 포스트〉는 신종 감염병이 예상보다 전염성이 강한 것 같다고 보도했다. 실제로 코로나19의 감염자 수는 2020년 1월 30일에 이미 사스의 감염자 수를 넘어섰다. 이렇게 발생 두 달 만에 사스의 감염자 수를 넘어서며 코로나19는 사스보다 훨씬 더 전염력이 강하다는 것을 보여주었다. 이후 시간이 지날수록 바이러스의 변이가 일어 점점 더 전염력이 강한 바이러스로 변해갔다.

코로나19에 감염된 사람이 기침이나 재채기를 하면 코로나19바이러스가 포함된 수천 개 이상의 작은 침방울이 공기 중에서 1~2미터까지 퍼져나간다. 따라서 그 범위 안에 있는 사람이 이 작은 침방울이 포함

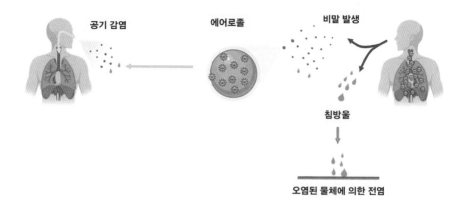

공기 감염　　에어로졸　　비말 발생

침방울

오염된 물체에 의한 전염

◉ 기침이나 재채기 또는 말을 할 때 튀는 침방울에 따른 코로나19 감염 과정

된 공기를 들이마시면 바이러스가 함께 몸속으로 들어가 코로나19를 일으킬 수 있다.

또한 코로나19 감염자가 바이러스가 묻은 손으로 만진 물건을 다른 사람이 만지면 그 손으로 바이러스가 옮겨간다. 그 손으로 눈·코·입 등을 만질 때 점막을 통해 바이러스가 몸속으로 침투해 감염될 수 있다. 질병관리본부는 코로나19바이러스는 침방울(비말)은 물론 콧물, 가래 등과 같은 호흡기 분비물과의 접촉으로 감염된다고 밝혔다. 따라서 감염을 예방하려면 마스크를 쓰고 손 씻기 등 개인위생을 철저히 신경써서 실천하는 것이 중요하다.

☀ 목욕탕에서 코로나19에 감염되었다?!

바이러스는 뜨거운 물이나 고온에서 살지 못하기 때문에 목욕탕이나 사우나에서는 안전할 것이라고 생각하기 쉽다. 그러나 코로나19바이러스는 고온에서도 생존할 수 있는 특이한 바이러스임이 밝혀졌다. 그리고 실제로 목욕탕에서 코로나19에 감염된 사례들이 발생했다.

중국 난징의과대학 연구팀은 목욕탕에서 코로나19 전파가 가능한지 조사했다.[12] 중국 장쑤성 화이안에 있는 목욕탕에서 코로나19 환자 남성 1명이 다른 남성 8명에게 바이러스를 전염시킨 일이 2020년 3월에 발생했다. 당시에는 코로나19바이러스가 고온과 습한 환경에서는 전염력이 크게 떨어진다고 알려져 있었다. 그런데 목욕탕에서 바이러스 전파로 인한 코로나19 감염 사건이 발생했던 것이다. 이 목욕탕에 갔던 코로나19 환자는 얼마 전 우한에 다녀왔는데 그때 코로나19바이러스에 감염된 것으로 추정되었다. 그는 목욕탕에 다녀온 다음 날인 3월 19일 발열 증상이 나타났고 3월 25일 검사를 받아 확진자로 판정되었다. 그가 다녀간 목욕탕의 실내 온도는 25~41도*였고 습도도 60퍼센트 정도였다. 목욕탕에서 확진된 다른 환자들은 그의 비말이나 접촉으로 감염되었을 것으로 추정되었다.

국내에서도 대중목욕탕에서 코로나19에 감염되는 사례가 2020년 4월 초부터 여러 차례 발생했다. 코로나19 확진자가 다녀간 철원군의 한 목욕탕에서 여러 명의 감염자가 발생했고, 진주의 한 스파에서 8명의

---

* 이하 온도는 모두 섭씨 온도다.

확진자가 발생했다. 또한 2021년에도 대중목욕탕에서 코로나19 감염자들이 발생했다. 2021년 3월 진주 목욕탕 관련 감염자가 130명을 넘어서면서 진주 지역 목욕탕 98곳에 집합 금지 명령이 내려졌다. 목욕탕은 환기가 제대로 되지 않는 밀폐된 공간이며 마스크를 쓰지 않고 여러 사람이 이용하는 곳이기 때문에 코로나19와 같은 감염병 전염에 더욱 취약한 곳이라고 전문가들은 주의를 당부했다.

추운 날씨에 많이 걸리는 감기와 독감은 겨울에 유행하다가 기온이 올라가는 봄과 여름이 되면 사라진다. 이처럼 대부분의 바이러스는 고온에서 잘 살아남지 못한다. 그런데 코로나19바이러스는 고온에서도 살아남는다는 연구 결과를 프랑스 엑스마르세유 대학 레미 샤렐 교수팀이 2020년 4월에 발표했다.[13] 연구 결과에 따르면, 에볼라바이러스를 포함한 대부분의 바이러스는 60도에서 한 시간이 지나면 사멸한다. 그런데 코로나19바이러스는 60도에서 한 시간 동안 두었는데도 일부 바이러스가 여전히 활성을 띠었고, 복제가 가능하다는 것을 이 연구팀이 관찰했다. 하지만 92도에서 15분 정도 두자 코로나19바이러스는 완전히 죽어서 비활성화되었다.

목욕탕 물의 온도는 40도 정도다. 따라서 이 정도의 온도에서 코로나19바이러스는 죽지 않는다. 코로나19바이러스는 60도에서도 일부가 활성을 띠며 살아남는다. 따라서 목욕탕이나 사우나·찜질방 같은 온도가 높은 곳에서도 코로나19에 감염될 수 있다.

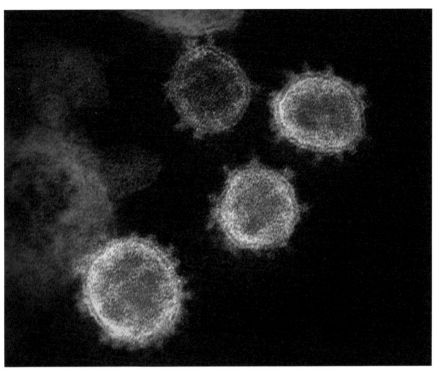

● 코로나19 원인 코로나바이러스(SARS-CoV-2)의 전자현미경 사진

☀ 전염력, 얼마나 많이 전염시킬까

어떤 감염병이 발생했을 때 얼마나 빨리 얼마나 많은 사람에게 전염되는지를 알 수 있는 과학적인 방법이 있다. 바로 '감염재생산지수(R_0)'다. 한 사람의 감염자가 얼마나 많은 사람을 감염시키는지를 나타내는 척도다.

2020년 4월 9일 미국 질병통제예방센터(CDC)는 코로나19의 R_0가

5.7 정도라는 연구 결과를 발표했다. 이는 코로나19의 Ro가 1.4~2.5라고 한 WHO의 발표보다 두 배 이상 높은 수치다. Ro가 5.7이라는 것은 한 사람의 감염자가 5.7명을 감염시킨다는 의미다. 이 수치는 계절성 독감의 Ro 1.3보다 4배 이상 높다. 또한 사스의 Ro는 2~5, 메르스의 Ro는 0.4~0.9와 비교해도 높은 수치다. 이처럼 코로나19가 전염력이 강하다는 뜻이다.

또한 전염력과 관련된 바이러스 배출에 관한 연구 결과가 2020년 4월에 나왔다. 홍콩대 연구팀은 코로나19 환자와 독감 환자의 바이러스 배출에 관한 연구 결과를 〈네이처〉에 발표했다.[14] 이 연구팀은 환자들의 콧속에 면봉을 넣고 문질러서 시료를 채취한 후 그 속에 들어 있는 바이러스 수를 조사했다. 조사 결과 코로나19바이러스는 1억 2500만 개 정도가 나왔고 독감을 일으키는 인플루엔자바이러스는 500만 개 정도 나왔다. 그리고 환자의 목 안쪽을 면봉으로 문질러서 채취한 시료에서는 코로나19바이러스가 7,900개 정도, 인플루엔자바이러스는 1만 개 정도였다. 이 연구는 독감에 비해 코로나19가 엄청나게 많은 바이러스를 배출한다는 것을 보여준다. 또한 환자의 입보다는 콧속에서 바이러스가 훨씬 더 많이 배출된다는 것도 알 수 있다.

그 무렵에 홍콩대학 위안궈용 교수팀이 진행한 코로나19바이러스의 생성력에 대한 연구 결과도 발표되었다.[15] 이 연구팀은 코로나19 환자 6명의 폐에서 조직을 조금 떼어내어 조사했다 그 결과 코로나19가 48시간 이내에 사스보다 3.2배나 더 많은 바이러스를 만들어낸다는 것을 알아냈다. 이처럼 코로나19는 사스보다 훨씬 더 많은 바이러스를 생성하여 전염시키는 것으로 밝혀졌다.

코로나19가 전염력이 강한 원인에는 앞에서 살펴본 것처럼 환자가 바이러스를 많이 생성하는 것 외에도 코로나19바이러스가 사람 몸의 세포에 더 잘 달라붙는 성질이 있기 때문이기도 하다.

코로나19바이러스가 사람 몸의 세포 속으로 침투하려면 먼저 바이러스가 세포 표면에 달라붙어야 한다. 이때 바이러스의 스파이크 단백질이 사람 세포의 세포막 수용체(ACE2)와 결합함으로써 부착이 일어난

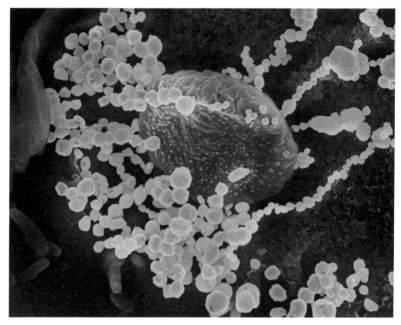

◉ 인간 세포에서 발현하는 SARS-CoV-2 (노랑)

다. 미국 텍사스 대학의 제이슨 맥렐란 교수팀은 코로나19바이러스의 스파이크 단백질이 사스바이러스의 단백질보다 20배나 사람 세포에 더 잘 결합한다는 연구 결과를 발표했다. 이는 코로나19바이러스가 그만큼 전염력이 강하다는 것을 보여준다.

코로나19 대유행

더 독해진 사스바이러스가
찾아왔다?!

중국 우한에서 코로나19가 처음 발생한 지 불과 몇 달 만인 2020년 3월 11일에 WHO는 팬데믹을 선언했다. 이후 전 세계 거의 모든 나라가 코로나19로 몸살을 앓았고 수많은 감염자와 사망자가 발생했다. 코로나19라는 신종 감염병은 단순히 건강과 관련된 문제를 넘어서 경제, 산업, 기술, 무역 및 우리의 일상생활 전체를 흔들어 놓았고 큰 변화를 가져왔다.

이 신종 감염병이 발생한 초기에 사스와 비교되었는데 이후 대유행 상황을 이어가면서 스페인독감이나 페스트 같은 인류 역사상 무서운 감염병과 비교되는 존재로 떠올랐다. 이처럼 무서운 코로나19의 정체는 무엇일까?

☀ 나라별 코로나19 상황

월드오미트에 따르면 2020년 11월 7일 기준으로 전 세계 218개 국가에서 코로나19 환자가 발생했으며, 전 세계의 감염자는 4900만 명 이상이고 사망자는 120만 명 이상이며 치사율은 2.5퍼센트다.

각 나라별 코로나19 상황은 다음과 같다.

나라별 코로나19 감염자와 사망자 상황

(단위: 명, 2020.11.7. 기준)

순위	국가	감염자	사망자
1	미국	1008만	24만 2000
2	인도	847만	12만 5000
3	브라질	563만	16만 2000
4	러시아	175만	3만
5	프랑스	166만	3만 9000
6	스페인	138만	3만 8000
7	아르헨티니	122만	3만 3000
8	영국	117만	4만 8000
9	콜롬비아	112만	3만 2000
10	멕시코	95만	9만 4000

그 밖에 중국은 59위로 감염자 8만 6천 명, 사망자 4,600명이고, 일본은 50위로 감염자 10만 5천 명, 사망자 1,800명이다. 우리나라는 90위인데, 같은 날 기준으로 중앙방역대책본부에서 밝힌 현황을 보면 감염자가 2만 7284명, 사망자는 477명이며 치사율이 1.7퍼센트다.

2021년 3월 14일 기준, 전 세계 감염자는 1억 2004만 명이고 사망자

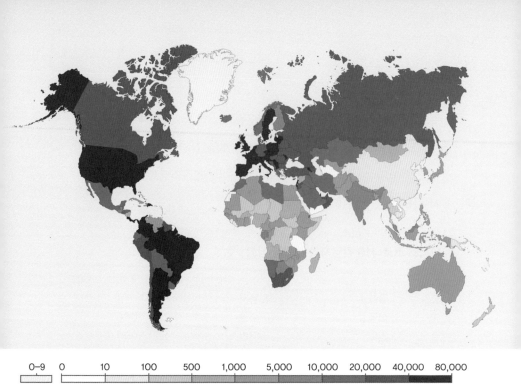

0-9　0　10　100　500　1,000　5,000　10,000　20,000　40,000　80,000

🌐 전 세계 코로나19 환자 발생 현황(2021년 2월 5일 기준, 인구 100만 명당 확진자 수)

는 266만 명 이상이다. 이를 나라별로 보면, 미국이 감염자 3004만여 명과 사망자 54만 6천여 명, 브라질이 감염자 1143만여 명과 사망자 27만 7천여 명, 인도가 1135만여 명과 사망자 15만 8천여 명, 러시아가 감염자 438만여 명과 사망자 9만 1천여 명 등이었다. 또한 같은 시기에 세계보건기구가 밝힌 대륙별 누적 감염자 상황을 보면 아메리카가 5257만여 명, 유럽이 4085만여 명, 아시아가 1385만여 명, 중동이 682만여 명, 아프리카가 293만여 명이었다.

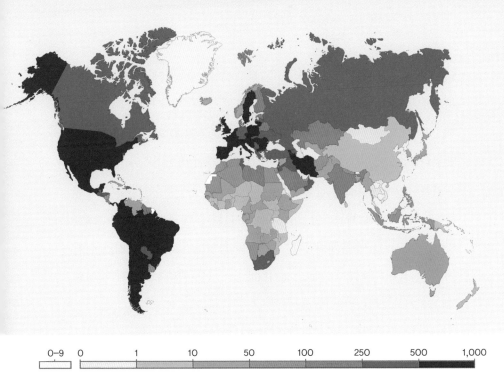

| 0-9 | 0 | 1 | 10 | 50 | 100 | 250 | 500 | 1,000 |

◉ 전 세계 코로나19 사망자 발생 현황(2021년 1월 1일 기준, 인구 100만 명당 사망자 수)

☀ 코로나19바이러스의 유전자 분석

먼저 혼동하기 쉬운 용어 몇 가지를 짚어보자. 게놈, 지놈, 유전자, 유전체 등과 같은 용어들 말이다. 한 개체가 가진 DNA 또는 RNA의 모든 정보를 '게놈'이라고 한다. 게놈은 '지놈' 또는 '유전체'라는 용어로도 불린다. 그러니까 이 세 용어는 같다. 유전체를 독일어식으로 발음하면 게놈(Genom), 영어식으로 발음하면 지놈(Genome)이다. 그리고 길게 실처럼 생긴 DNA 또는 RNA에서 단백질을 만드는 정보가 담겨 있는 구역을 '유전자'라고 하며, 그 정보를 '유전자 정보' 또는 '유전 정보'라고 한다. 'DNA'는 '데옥시리보핵산(DeoxyriboNucleic Acid)'의 약자이며, 'RNA'는 '리보핵산(RiboNucleic Acid)'의 약자로 화학물질을 가리키는 명칭이다. 그러니까 유전 정보를 가지고 있는 화학물질이 DNA 또는 RNA다. 코로나19바이러스는 DNA가 아닌 RNA를 가진 바이러스다.

코로나19바이러스의 완전 염기 서열은 상하이위생임상센터 등의 공동 연구팀에 의해 해독되어, 2020년 1월 11일 공개 플랫폼 '바이러로지컬(Virological.org)'에 공개되었다.[1] 이후 1월 14일 코로나19바이러스의 염기 서열 정보가 국제핵산배열 데이터베이스 '진뱅크(Genbank)'에 정식으로 올라가 공개되었다.

또한 코로나19바이러스의 상세한 게놈 분석 결과가 중국 우한 바이러스학연구소에 의해 2020년 1월 23일에 공개되었다.[2] 이 연구소는 환자 5명으로부터 채취한 시료에 존재하는 바이러스의 게놈을 분석한 결과, 사스를 일으킨 코로나바이러스와 79.5퍼센트 일치했고 박쥐가 가진 코로나바이러스와 96퍼센트 일치했다고 밝혔다. 또한 코로나19바이러스의 수용체가 사스바이러스의 수용체와 똑같다는 것도 밝혀졌다. 이처럼 코로나19바이러스의 유전 정보를 분석하여 공개하는 것은 살

🦠 그림으로 묘사한 코로나19 원인 코로나바이러스

인사건이 발생했을 때 경찰이 범인의 정체를 알아내어 범인의 얼굴과 신상을 길거리 벽보에 붙여서 공개하는 것과 같다.

☀ 코로나19바이러스의 유전자 지도 완성

세계 각국의 여러 연구팀들이 코로나19바이러스의 유전자 정보에 대한 연구 결과를 발표했다. 그러나 이러한 연구 결과들은 코로나19바이러스에 대한 부분적인 유전 정보였다. 이런 상황에서 우리나라 연구팀이 코로나19바이러스의 유전자 전체를 보여주는 유전자 지도를 완성한 연구 결과를 발표해서 큰 주목을 끌었다.

기초과학연구원(IBS) RNA 연구단의 김빛내리 단장 연구팀 등 공동연구팀은 코로나19바이러스의 고해상도 유전자 지도를 세계 최초로 완성하여 2020년 4월〈셀THE CELL〉에 발표했다.[3] 이 연구팀은 차세대염기서열분석법(NGS)*을 이용해 코로나19바이러스(SARS-CoV-2)의 RNA를 자세하게 분석했다.

이전에 발표된 코로나19바이러스의 RNA 유전자 분석에 관한 연구 결과들과 달리, 이 연구팀은 코로나19바이러스의 RNA 유전자뿐만 아니라 이 바이러스의 RNA가 숙주 세포 내에 들어가서 증식하는 과정에서 만들어지는 RNA들도 찾아내 모두 분석했다.

이를 통해 이전 연구에서 발견하지 못했던 여러 RNA를 찾아냈다. 또한 RNA에 메틸화로 인해 화학적 변형이 일어난 곳도 41곳 이상 존

---

* NGS: Next Generation Sequencing

재한다는 것을 확인했다.

이 연구를 통해서 코로나19바이러스가 가진 전사체(Transcriptome)의 전체 구성과 유전자들의 정확한 위치를 확실하게 알 수 있게 되었다. 이전 연구에서 코로나19바이러스의 유전자들이 밝혀졌지만 정확하게 RNA의 어디에 위치하고 있는지 알 수 없었다. 그러나 이번 연구에서 각 유전자들이 RNA의 어느 위치에 존재하는지 밝혀진 것이다. 여기서 말하는 '전사체'란 바이러스가 숙주 세포 안에 들어가서 그곳에서 만들어내는 모든 RNA의 합을 가리킨다.

또한 이 연구에서 코로나19바이러스의 RNA가 숙주 세포 안으로 들어간 후 숙주 세포 안에서 하위 유전체 RNA들을 만들어내고 이후 이 하위 유전체들을 이용해 바이러스의 외피 단백질과 스파이크 단백질을 만드는 과정이 밝혀졌다. 그리고 숙주 세포 안에서 바이러스의 RNA가 복제되는 과정도 밝혀졌다.

코로나19바이러스는 숙주 세포 내에서 새로운 바이러스의 구성 성분들을 모두 만든 후 이것을 조립하여 새로운 바이러스가 되도록 해서 숙주 세포 밖으로 빠져나온다. 이는 마치 남의 공장에 몰래 들어가 그 공장 안의 기계들을 돌려서 각종 부품을 만들고 다시 부품들을 조립해 완제품으로 만들어서 이 완제품들을 몽땅 들고서 공장을 몰래 빠져 나오는 것과도 같다.

앞에서 살펴본 연구들을 통해 코로나19바이러스의 유전자 정보가 자세히 밝혀졌다. 이와 같은 연구 결과는 코로나19 진단 시약과 백신

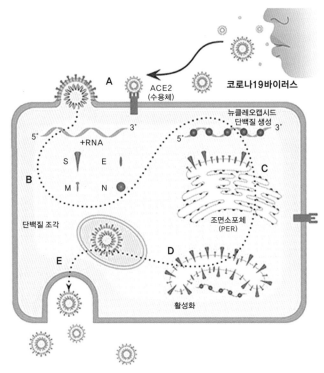

⊛ 코로나19바이러스(SARS-CoV-2)가 세포에 부착한 후 세포 내에서 증식하여 배출되는 과정
　　과정 A: 코로나19바이러스가 사람 세포(숙주 세포)의 세포막 수용체(ACE2)와 결합하고 이후 세포막 속으로 들어가면서 RNA를 세포 속으로 주입한다.
　　과정 B: 코로나19바이러스의 RNA의 정보를 읽어서 사람 세포 속의 생물기계들을 이용하여 바이러스의 다양한 단백질들을 만든다.
　　과정 C와 D: 바이러스의 다양한 단백질들을 조립하여 새로운 바이러스를 만든다.
　　과정 E: 새로 만들어진 코로나19바이러스가 세포 밖으로 배출된다.

및 치료제 개발에 매우 중요하다.

☀ 코로나19바이러스는 얼마나 변이되었을까

코로나19바이러스가 사람들 사이에 전파되면서 변이를 계속 일으키고 있다는 연구 보고가 세계 여러 나라 연구팀에서 나왔다.

아이슬란드 연구팀이 아이슬란드의 코로나19 환자들을 대상으로 한 조사 결과, 코로나19바이러스의 돌연변이 40개를 발견했다고 2020년 3월에 발표했다.[4]

그다음 달에는 중국 저장대학 리란쥐안 교수팀이 코로나19바이러스의 변이에 관한 연구 결과를 발표했다.[5] 이 연구팀은 중국 저장성의 코로나19 환자 11명을 대상으로 조사했는데 환자들로부터 얻은 코로나19바이러스에서 30종의 변이를 발견했다. 이와 같은 바이러스의 변이에 대해서 연구팀은, 사람 몸의 세포에 결합하는 것과 관련된 스파이크 단백질의 기능적 변화를 일으킬 수 있는 바이러스의 변이가 일어났다고 설명했다.

이어지는 조사를 통해 코로나19바이러스가 중국에서 우리나라를 포함한 세계 각 지역으로 확산되는 과정에서 돌연변이를 일으켜 다른 유형으로 바뀌면서 세계적인 전파로 이어졌다는 것이 밝혀졌다.

영국 케임브리지 대학의 피터 포스터 교수팀은 코로나19바이러스 변이 유형에 관한 연구 결과를 다음과 같이 발표했다.[6] 이 연구팀은 2019년 12월 24일에서 2020년 3월 4일 사이에 전 세계 코로나19에 감염된 환자 160명의 시료를 채취해서 코로나19바이러스의 유전체 염기 서열을 분석하고, 바이러스 유전체 분석 결과를 수학적 네트워크 알고리즘을 이용해 코로나19바이러스가 어떻게 변이되고 확산되었는지의 경로를 재구성했다.

이 연구팀은 전 세계적으로 확산된 코로나19바이러스가 A형·B형·C형의 총 세 가지 유형의 변이를 일으키며 세계로 퍼져나갔다고 발표했다. A형은 중국 우한의 박쥐와 천산갑에서 발견되었으며, 코로나19바이러스의 뿌리에 해당한다. 그러나 이 뿌리에 해당하는 A형 바이러스는 중국 우한이 아닌 다른 나라에서 크게 유행했으며, 우한에서 급속도로 확산된 유형은 A형이 아닌 B형이었다. B형은 A형에서 변이된 것인데, 중국 우한과 한국 등 동아시아 지역에서 크게 유행했다. A형은 우한에서 살았다고 알려진 미국인들에게서 발견되었고 미국과 호주의 많은 환자에서 발견되었다. C형은 B형에서 변이된 것으로 이탈리아, 프랑스, 영국 등 유럽 여러 나라의 초기 환자들에게서 발견되었고, 한국과 싱가포르에서도 C형이 발견되었다. 그러니까 우리나라에서는 B형과 C형 바이러스가 확산되었다. 이 연구를 통해서 코로나19바이러스가 변이를 일으키면서 확산된 상황이 밝혀졌다.

☀ 코로나바이러스는 물체 위에서 얼마나 오래 살까

대장균과 같은 박테리아는 살아 있는 생명체이지만, 바이러스는 살아 있는 생명체가 아니다. 바이러스는 다른 숙주 세포 안에 들어가야만 증식할 수 있고, 다시 다른 세포나 개체로 전염되어 확산된다. 따라서 바이러스가 '살았다' 또는 '죽었다'고 표현하는 것은 부정확한 표현이라 할 수 있다. 좀 더 정확하게 말하면, '활성이 있다' 또는 '활성이 없다'라고 표현해야 한다. 숙주 세포에 들어가 감염시키고 증식하며 병을 일으킬 수 있는 바이러스를 활성이 있는 바이러스라고 한다. 그 반대 경우는 활성이 없는 바이러스다. 그러나 편의상 활성이 있는 바이러스를 살아 있는 바이러스라고도 한다.

코로나19 대유행을 겪으면서 우리는 엘리베이터를 타거나 버스나 지하철과 같은 대중교통을 이용할 때 혹시 버튼이나 손잡이에 바이러스가 묻어 있는 것은 아닌지 걱정하게 된다. 이와 관련하여 질병관리본부는 일반적인 바이러스는 침과 같은 분비물에서 최대 2시간 정도 살아 있다가 이후로는 죽어 없어진다고 밝혔고, 침대·테이블·문고리 등에서는 수일 동안 살아 있을 수 있다고 밝혔다. 이는 코로나19바이러스의 생존에 관한 연구 결과가 밝혀지기 전에 질병관리본부에서 일반적인 바이러스의 생존에 관해 발표한 내용이다.

그리고 독일 보훔 루르 대학의 에이케 슈타인만 교수팀은 코로나바이러스가 얼마나 오래 생존할 수 있는지에 대한 메타 분석 연구를 진행하여 발표했다.[7] 이 연구팀은 기존 22개의 연구 논문을 바탕으로 코로나바이러스 전염성과 관련된 이 바이러스의 생존 기간을 조사했다. 사람과 사람이 직접 접촉하지 않아도 다른 물건을 통한 간접 경로를 통해 코로나바이러스가 전파되는 것도 조사했다.

이 조사에서 코로나바이러스는 금속이나 유리 및 플라스틱 등에서 최대 9일 정도 생존한다는 결과를 얻었다. 우리가 매일 사용하는 손잡이는 대부분 금속으로 되어 있고 스마트폰은 유리와 금속과 플라스틱으로 되어 있다. 그리고 책상이나 테이블 및 침대 등 우리가 일상생활에서 사용하는 많은 물건이 이러한 재료들로 만들어져 있다. 이처럼 우리가 일상생활에서 사용하는 물건들의 표면에 코로나바이러스가 며칠 동안 생존할 수 있다는 연구 결과다. 코로나19 확산 방지를 위해 소독과 방역의 중요성을 더욱더 현실적으로 생각하게 하는 연구 결과다.

방금 앞에서 살펴본 연구 결과는 정확하게 말하면 코로나19를 일으킨 원인 바이러스의 생존에 관한 연구가 아니라 코로나바이러스의 생존에 관한 연구 결과다.

그럼 코로나19바이러스는 어떨까? 미국 질병통제예방센터는 수백 명의 코로나19 감염자가 발생했던 다이아몬드 프린세스 크루즈선의 객실을 조사했는데 승객이 떠나고 난 후 최대 17일 뒤에도 코로나19바이러스가 검출되었다고 발표했다.[8] 이는 크루즈선의 감염자들이 머물렀던 객실을 소독하기 전에 역학 조사를 위해 실시한 코로나19바이러스 검사를 통해서 밝혀졌다.

미국 국립보건원 등 공동 연구팀은 여러 코로나바이러스의 생존에 관한 연구를 진행한 결과를 2020년 3월에 발표했다.[9] 이 연구에서는 코로나19바이러스와 사스 및 메르스 바이러스도 함께 실험했으며, 바이러스들의 활성이 절반으로 줄어드는 바이러스의 반감기를 조사했다. 연구 결과 코로나19바이러스의 반감기는 공기에서 66분, 스테인리스강에서 5시간 38분, 플라스틱에서 6시간 49분, 구리에서 46분이었다.

좀 더 구체적인 코로나19바이러스의 생존에 관한 연구 결과를 홍콩대학 공공위생학원 레오 푼 교수팀이 2020년 4월에 발표했다.[10] 이 연구팀은 코로나19바이러스가 인쇄용지와 티슈 같은 종이에서 3시간, 면 직물 옷과 같은 의류에서 1일, 목재와 지폐에서 2일, 유리와 스테인리스강 및 플라스틱 표면에서 4일, 수술용 마스크 표면에서 7일 정도 생존 가능하다는 것을 확인했다. 이처럼 코로나19바이러스는 물체의 종류에 따라 생존 가능한 시간에 큰 차이를 나타냈다.

☀ 공기 중에서 코로나19바이러스는 얼마나 오래 살까?

미국 툴레인 의대 등 공동 연구팀은 코로나19바이러스의 생존에 관한 연구 결과를 2020년 4월에 발표했다.[11] 이 연구팀은 공기 중에 퍼진 에어로졸 속에서 바이러스가 얼마나 오랫동안 살아 있는지 조사하기 위해 회전통을 이용해 2마이크로미터 정도의 작은 에어로졸 입자를 만들었고 그 입자가 가라앉지 않도록 최대 16시간까지 회전통을 가동했다. 이 실험은 상온에서 진행되어서 온도의 영향은 배제되었고, 회전통을 가동하는 시간을 각각 10분에서 16시간까지 다양하게 바꿔가며 실험했다. 이후 회전통으로부터 시료를 채취해 바이러스가 검출되는지 조사했다.

연구 결과 모든 시료에서 감염성을 가진 코로나19바이러스가 검출되었다. 그러니까 회전통에서 16시간이나 가동한 후 채취한 에어로졸 시료에도 바이러스가 살아 있었다는 것이다. 이 연구에서는 유전자 분석 결과를 통해서 회전통을 가동하는 시간이 증가함에 따라 바이러스의 양은 얼마나 줄어드는지도 조사했는데, 약간 줄어드는 정도에 그쳤다.

따라서 공기 중에 떠 있는 에어로졸 안에서 코로나19바이러스가 16시간 동안이나 활성을 띤, 살아 있었다는 결론에 도달했다.

환자가 재채기나 기침을 할 때 입에서 나온 침방울 속에 바이러스가 들어 있더라도 공기 중에 오래 떠 있지 않고 중력에 의해 아래로 가라앉는다. 따라서 환자의 입에서 나온 작은 침방울이 공기 중에 몇 시간 이상 떠돌아다닐 가능성은 현실적으로 거의 없다. 그러나 바닥이나 다른 물체로 떨어진 침방울 속에 들어 있는 바이러스가 상당 시간 동안 살아 있을 가능성이 있어서 이를 통해 감염될 수 있다.

☀ 바이러스 검출을 통한 코로나19 진단 검사

코로나19 검사는 다음과 같이 진행된다.[12] 선별진료소에서 코로나19에 감염되었을 것으로 의심되는 사람이나 의심 증상이 있는 사람의 시료를 채취한다. 이때 '하기도'와 '상기도'에서 검체를 채취하는데 이렇게 채취한 검체를 진단검사기관으로 보내 유전자 검사를 실시한다. 이 유전자 검사 결과에 따라 그 사람이 코로나19에 감염되었는지 여부에 대해 확진 판정을 내린다.

여기에서 하기도 채취란 가래를 뱉어서 검체를 채취하는 것이고, 상기도 채취는 콧속과 입속의 침과 분비물을 채취하는 것을 가리킨다. 이렇게 코로나19 의심 환자로부터 검체를 채취해서 유전자 검사를 진행하면 그 사람이 코로나19 원인 바이러스를 가지고 있는지 알 수 있고, 이를 통해 감염되었는지 여부를 확실하게 알 수 있다.

코로나19가 세계 많은 나라로 확산하면서 우리나라 기업이 만든 코로나19 신속 진단 제품에 대한 인기와 신뢰도 높아졌다. 미국과 유럽 등 세계 여러 나라에 신뢰할 수 있는 신속 진단 제품이 부족해지자 한국 기업의 신속 진단 제품을 구하고자 우리나라 정부에 지원을 요청하는 나라가 많았다. 이러한 상황에서 웃지 못할 사건도 벌어졌다.

2020년 3월 초 우리나라 4개 업체가 덴마크 정부에 코로나19 진단 키트 수천 개를 제공하겠다고 공식적으로 제안했다. 그런데 한국 기업의 진단 키트 제품을 믿지 못했는지 덴마트 정부는 이 제안을 거절했다. 이후 곧 덴마크에 코로나19 환자가 급증했고, 이때 코로나19 진단 키트를 제공하겠다는 한국 기업의 제안을 덴마크 정부가 거절했다는 사실이 보도되어 큰 파장을 일으켰다. 급기야 3월 23일 덴마크 보건부의 마그누스 에우니케 장관이 기자회견을 열어 한국 기업이 제안한 코로나19 진단 키트 제공을 거절한 것은 치명적인 실수였다며 국민에게 사과했다. 또한 그는 한국 기업이 만든 코로나19 진단 키트를 구하기 위해 한국 대사관을 통해 한국 기업들과 다시 접촉하겠다고 밝혔다.

2020년 3월, 세계 최강국이자 최고 의료 기술과 전문기관을 보유하고 있는 미국의 트럼프 대통령은 우리나라 문재인 대통령에게 직접 한국 기업이 만든 코로나19 진단 키트와 의료 장비를 미국에 지원해줄 것을 요청했다. 이러한 트럼프 대통령의 요청에 따라 씨젠, 솔젠트 등 우리나라 여러 기업의 코로나19 진단 키트 제품이 3월 25일부터 미국으로 수출되었다. 이에 마이크 폼페이오 미 국무장관은 코로나19 진단 키

●코로나19 검사를 위해 검사 대상자의 콧속 분비물을 채취
하고 있다.

트 제품을 미국에 수십만 개 보내준 한국에 감사하다고 밝혔다.

　이와 동시에 세계 많은 나라에서 한국 기업이 만든 코로나19 진단
키트 제품을 제공해줄 것을 부탁해 왔다. 당시 중국 기업이 만든 코로
나19 진단 검사 제품들은 정확도가 낮아서 여러 나라에서 사용을 기피
했으며, 한국 기업이 만든 코로나19 진단 키트는 정확도가 높고 품질도
우수하여 그 키트들을 사고 싶어 하는 나라가 급격히 늘어났다.

　이와 같은 상황에서 진단 키트를 만든 국내 기업들의 수출이 급증
했다. 관세청에 따르면, 2020년 4월 1일부터 20일까지의 진단 키트 수
출액은 1500억 원 정도였다.[13] 이는 3월의 수출액 89억 원에 비해 무려
18배나 증가한 규모였으며, 4월 한 달 동안 수출한 물량의 무게는 무려

105.3톤에 달했다. 우리나라의 코로나19 진단 키트는 4월 말까지 브라질, 미국, 이탈리아, 폴란드, 인도 등 106개 나라로 수출되었다.

☀ 코로나19 백신, 초고속으로 개발되다!

코로나19는 신종 감염병이라 백신도 없고 치료제도 없는 상황에서 환자가 급격히 증가해 전 세계가 혼란에 빠졌다. 새로 출현한 바이러스에 맞춘 백신과 치료제는 몇 달 만에 뚝딱 만들어낼 수 있는 것이 아니었다. 2020년 2월 무렵, 폐렴 백신을 접종하면 코로나19에 감염되지 않을 것이라는 정보가 떠돌아다녔다. 이에 WHO는 그 정보는 가짜 뉴스라고 밝혔다.

코로나19에 감염된 환자가 폐렴을 일으키기도 하지만, 폐렴 백신은 코로나19의 원인이 되는 바이러스와는 전혀 상관이 없기 때문에 백신으로서 예방 효과가 없다. 또한 코로나19의 초기 증상이 감기나 독감과 비슷하지만, 코로나19와 독감은 완전히 다른 바이러스가 원인이 되어 발생하는 감염병이기 때문에 독감 백신을 접종해도 코로나19를 피해갈 길이 없다.

코로나19 백신 개발에 세계 여러 나라의 많은 과학자가 발빠르게 뛰어들었다. WHO는 2020년 전 세계에서 20개가 넘는 백신이 개발 진행 중에 있으며, 2020년 4월부터 임상시험에 들어가는 백신도 있다고 발표했다. 이렇게 희망적인 소식이었지만 백신을 몇 달 만에 만들어서 사람들에게 접종한다는 것은 현실적으로 불가능한 일이다. 백신을 연구·개발하여 임상시험을 거친 후 허가를 받아 병원에서 사용하는 과정이 보통 몇 년 이상 걸리기 때문이다.

2020년 4월 세계 최초로 모더나 세러퓨틱스 등의 공동 연구팀이 코로나19 백신의 임상시험에 착수했다. 여러 나라 정부와 자선단체의 지원으로 설립된 감염병혁신연합(CEPI)*은 이 임상시험을 지원했다. 또한 여러 나라의 연구자들이 협력하고 서로 돕는 상황에서 관련 기업과 기관에서 코로나19 백신 개발에 박차를 가했다.

드디어 세계 최초로 코로나19 백신이 개발되었다는 보도가 나왔다. 러시아는 '스푸트니크V'라는 코로나19 백신을 2020년 8월에 허가했고 이어서 10월에는 '에이팍코로나'라는 코로나19 백신도 허가했다. 그러나 러시아에서 개발된 백신들이 3상 임상시험을 하지 않고 승인받은 것이라 백신 효능에 대한 논란이 크게 일어났다.

이후 글로벌 제약사 화이자와 모더나에서 개발 중이던 코로나19 백신이 임상시험에서 90퍼센트 이상의 예방률을 나타냈다는 희망적인 소식이 전해졌다. 화이자 백신은 영국에서 2020년 12월 2일에 허가를 받아서 12월 8일부터 접종이 시작되었다. 또한 미국에서도 그해 12월 10일에 허가를 받아 12월 14일부터 접종이 시작되었다. 그리고 모더나 백신은 미국에서 2020년 12월 18일에 허가를 받아 12월 21일부터 접종이 시작되었고, 아스트라제네카 백신은 영국에서 2020년 12월 30일에 허가를 받아 2021년 1월 4일부터 접종이 시작되었다.

* CEPI: Coalition for Epidemic Preparedness Innovations

국내에서도 2021년 2월 26일부터 아스트라제네카 백신 접종이 본격적으로 시작되었다. 먼저 요양병원과 요양시설 입소자와 종사자 등을 대상으로 백신 접종을 시작해서 이후 대상을 확대해 나갔다.

백신 접종이 국내외에서 본격적으로 진행되자 백신 접종 후 이상반응이나 부작용이 신고되었다. 질병관리청(질병관리본부가 2020년 9월 12일에 승격)에 따르면 백신 접종 후에 나타날 수 있는 주요 이상반응으로는 접종 부위 통증, 피로감, 근육통, 두통, 발열 등 경증 반응이 나타날 수 있으며, 심각한 증상이나 사망을 일으키지 않는 것으로 알려졌다.

유럽에서 2021년 3월 초 아스트라제네카 백신 접종 후 혈전이 형성되는 사례가 일부 발견되었다. 이 혈전 형성이 백신 접종 때문인지 확실히 밝혀지지는 않았지만 덴마크, 노르웨이, 아이슬란드 등 10개국에서 백신 접종을 일시 중단했다는 보도가 3월 12일에 나왔다. 이에 WHO는 아스트라제네카 백신과 혈전 사이에 인과관계가 없다고 밝혔고 지금까지 백신 접종으로 인한 사망자는 없다고 밝혔다. 또한 아스트라제네카 백신을 계속 사용해야 한다는 주장도 덧붙였다.

이 무렵 화이자 백신 예방 효과가 제조사에서 밝힌 95퍼센트 이상이라는 보고가 나왔다. 이는 2021년 1월 17일에서 3월 6일 사이에 이스라엘에서 화이자 백신을 2회 접종한 377만 명(이스라엘 인구의 43퍼센트) 정도를 조사한 결과로, 예방 효과가 97퍼센트인 것으로 드러났다고 〈가디언〉이 밝혔다. 이처럼 전 세계적인 백신 접종이 진행되면서 머지않아 일상을 회복할 수 있을 것이라는 기대감도 높아졌다.

☀ 코로나19 치료제는 어떤 것이 있을까

코로나19 치료제 개발도 빠르게 진행되었다. 미국 텍사스 대학 제임스 교수팀에 따르면 2020년 4월 2일 시점에서 코로나19 관련 임상시험이 총 291건이 진행 중이며 이 중 109건이 치료제 임상시험이었다.[14] 또한 부광약품, 크리스탈지노믹스, 한국파스퇴르연구소, GC녹십자랩셀, 셀트리온 등 국내 여러 기업도 코로나19 치료제 개발을 진행했다.

기존에 개발된 신약 중에 코로나19 치료제로 효과가 있는 약을 찾기 위한 노력도 다각도로 진행되었다. 이를 통해 에볼라바이러스병 치료제로 개발된 렘데시비르가 코로나19 치료제로서의 효과를 인정받아 코로나19 치료제로 2020년 10월 22일 FDA 허가를 받았다.

그리고 당시 새로 개발된 코로나19 치료제 FDA의 긴급사용승인도 받았다. 가장 먼저 허가를 받은 항체 치료제는 미국 제약사 일라이릴리가 개발한 단일 클론 항체 치료제인 'LY-CoV555'로 2020년 11월 9일 FDA의 긴급사용승인을 받았다. 곧이어 미국의 생명공학회사 리제네론의 항체 치료제인 'REGN-COV2'가 뒤를 이었다. 이 무렵 국내 기업인 셀트리온이 개발 중인 항체 치료제도 빠른 시일 내에 긴급사용승인을 받아 코로나19 치료제로 사용될 것이라는 보도도 나왔다.

코로나19 대유행 상황에서 세계 여러 나라의 과학자들과 연구기관들이 협력하여 코로나19 진단 키트와 백신 및 치료제를 개발했다. 보통 수년 이상 걸리는 백신과 치료제 개발이 코로나19가 발생한 지 1년도 되지 않아 개발되는 놀라운 결과들을 이루었다.

신종플루
독감이라고 만만하게 보면 안 된다!

감기, 독감, 플루, 인플루엔자. 얼핏 들으면 알 것 같기도 한데, 막상 누가 물어보면 시원하게 설명하기 어려운 헷갈리는 용어들이다. 찬바람이 불기 시작하면 독감 예방주사를 미리 맞아야 한다는 얘기를 종종 듣는다. 특히 노약자들이 독감에 걸리면 위험해질 수 있기 때문에 정부는 미리 독감 예방 접종을 받으라고 권하며 무료 접종을 시행하고 있다.

2009년에 전 세계를 휩쓸었던 신종플루는 '돼지독감'이라고도 하는데, 독감과 감기는 어떻게 다를까?

☀ 신종플루, 돼지독감이 사람에게로 왔다?!

계절에 따라 일상적으로 자주 걸리는 감기나 독감과 달리 가끔 신종

독감이 출현하여 많은 사람의 건강을 위협한다. 바로 신종플루가 이에 해당된다. 2009년 3월 멕시코에서 신종플루가 발생했고, 그다음 달인 4월에 WHO는 신종플루가 세계적으로 대유행할 것이라고 경고했다. 우리나라에는 2009년 5월 초에 첫 환자가 발생했고 2010년 4월에 종식되기까지 많은 환자가 발생했다. WHO에 따르면, 2009년에서 2010년까지 신종플루로 전 세계적으로 1만 8500명 정도의 사망자가 발생했다. 당시 우리나라에서도 263명의 사망자가 발생했다.

이후 2013년 신종플루 사망자가 WHO의 발표보다 10배 더 많을 것으로 추정된다는 논문이 발표되기도 했다. 미국 조지워싱턴 대학 공중보건센터는 각국이 집계한 신종플루 사망자를 취합했더니 그 수가 최소 12만 3000명에서 최대 20만 3000명이나 된다고 밝혔다.[1]

이와 같은 신종플루 사망자 수는 미국 질병통제예방센터가 2012년에 발표한 결과와도 유사하다. 즉, 미국 질병통제예방센터는 신종플루와 호흡기 질환으로 인해 죽은 1차 사망자가 20만 1000명이고 신종플루와 연관된 질환으로 인해 죽은 2차 사망자가 8만 3000명 정도라고 발표했다. 이처럼 전 세계에서 신종플루로 많은 사람이 사망했다.

신종플루는 '신종 인플루엔자 A'의 약칭이다. 신종플루는 돼지에서 기원한 바이러스가 변이를 일으킨 새로운 'H1N1 인플루엔자바이러스'가 사람에게 감염되어 발생하는 호흡기 질환이다. 원래 돼지독감바이러스(SIV)*는 전 세계적으로 돼지에 감염되어 발병하며, 돼지에서 사람

---

* SIV: Swine Influenza Virus

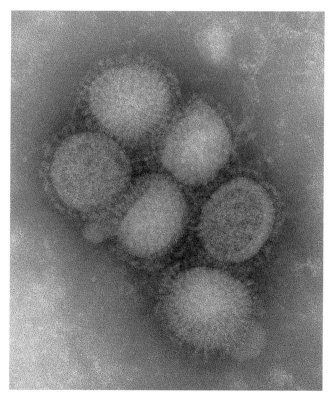

◉ 신종플루 원인 바이러스(H1N1)의 전자현미경 사진

으로 바이러스가 감염되는 것은 일반적으로 발생하지 않는다. 그런데 2009년 신종플루 때 이런 일이 발생했다.

신종플루는 감염된 환자가 증상을 느끼기 전에 다른 사람에게 바이러스를 옮길 수 있는 전파력이 강력해 확산을 방지하기가 더욱 어려웠다. 그러나 다행히 신종플루의 원인이 되는 인플루엔자바이러스의 증식을 억제할 수 있는 타미플루(Tamiflu)와 리렌자(Relenza) 등의 항바이러스제가 있어서 환자 치료가 가능했다. 신종플루가 발생했던 당시 국내에서도 타미플루와 같은 항바이러스제를 356만 건 이상 환자들에게 투약했다. 타미플루는 인플루엔자바이러스가 원인이 되어 발생하는 독감을 치료하기 위해 개발된 항바이러스제다.

또한 신종플루의 원인이 되는 돼지독감바이러스에 대한 백신이 개발되어 2009년 9월 FDA는 돼지독감 백신을 허가했다. 이 돼지독감 백신은 세 종류의 주요 항원형이 들어 있는데, A형에 해당하는 H1N1과 H3N2 및 B형 아형 중 한 가지를 예방할 수 있는 3가 백신이 개발되었다. 여기에서 3가란 인플루엔자 백신에 포함된 바이러스 종류의 개수를 뜻한다.

신종플루를 예방하기 위한 백신 접종은 2009년 11월부터 시작되었다. 그러나 이 무렵에는 이미 신종플루의 유행이 종식되어가는 상황이라 백신이 큰 역할을 하지는 못했다. 이후 2010년 4월 초 신종플루는 종식되었다.

☀ 독감, '독한 감기'가 아니다

흔히 독감을 '독한 감기'라고 생각하기 쉬운데, 감기와 독감은 다른 종류의 질환이다. 그 이유는 원인 바이러스의 종류가 다르기 때문이다. 감기는 리노바이러스(Rhinovirus), 아데노바이러스(Adenovirus), 파라인플루엔자바이러스(Parainfluenza virus) 등 100여 가지의 바이러스가 원인이

되어 발생한다. 이와 달리 독감은 오르토믹소바이러스(*Orthomyxovirus*)과
의 RNA 바이러스인 인플루엔자바이러스에 의해 생긴다. 독감을 '인플
루엔자'라고도 하는데, 이는 '영향을 끼치다'는 뜻의 라틴어 'Influenza'
에서 유래했다.

독감의 증상은 일반 감기 증상과 비슷한 면도 있지만, 차이점은 감염
되고 하루가 지나서 40도에 가까운 갑작스러운 고열이 발생하고 인후
통·두통·기침·오한·객담 등의 증상이 나타난다. 건강하면 며칠 동안
앓은 뒤 회복되지만 다른 질병이 있는 사람은 폐렴과 같은 합병증이 발
생해 사망에 이를 수도 있다. 실제로 안타깝게도 해마다 많은 사람이
독감에 걸려 사망한다.

☀ 인플루엔자바이러스

독감을 일으키는 원인인 인플루엔자바이러스는 1920년대부터 정체
가 밝혀지기 시작했다.

1920년에 과학자 쇼프가 돼지독감을 조사하다가 이 질병이 바이러
스에 의해 발생했을 것이라고 추정했다. 이후 1933년 영국 런던에 있는
국립의학연구소의 스미스와 앤드류스 및 레이들로가 사람에게 독감을
일으키는 원인 바이러스를 처음으로 분리했다.[2] 이처럼 인류가 독감의
원인 바이러스를 제대로 알고 연구하기 시작한 지는 오래되지 않았다.

독감의 원인 바이러스는 오르토믹소바이러스과에 속하는 RNA 바
이러스인데, 항원형에 따라서 인플루엔자 A·B·C로 구분한다. 인플루

엔자 A·B·C의 전체적인 구조는 동일하며 지름은 80~120나노미터다. 이 인플루엔자바이러스는 표면에 돌기가 있는 공 모양이다. 바이러스의 구성 성분은 크게 두 가지 종류로 나눌 수 있는데 핵산과 다양한 단백질이다. 인플루엔자바이러스의 핵산은 RNA로 여기에 유전 정보가 들어 있다. 그리고 지질 외피에 적혈구 응집소(Hemagglutinin, HA) 단백질, 뉴라민 분해효소(Neuraminidase, NA), 기질 단백질(Matrix, M2) 등 여러 종류의 단백질들이 감싸고 있다.

인플루엔자바이러스는 가느다란 실처럼 생긴 여러 개의 RNA가 있다. A형과 B형 바이러스는 RNA가 8개, C형 바이러스는 RNA가 7개 있다. 이 RNA들에는 바이러스가 숙주 세포 안으로 들어간 후 자신을 복제하기 위해 필요한 단백질들을 만들 때 사용하는 설계도, 즉 유전자들이 들어 있다. 이 설계도를 이용해서 숙주 세포 내에서 기계의 부품을 만들 듯 바이러스를 구성하는 새로운 단백질들을 만들어내어 복제한다.

A형 인플루엔자바이러스는 표면 항원의 종류에 따라 여러 가지 아형으로 나뉜다. B형 인플루엔자바이러스는 어린아이들에 주로 감염을 일으키는데 항원형에 따라서 빅토리아(Victoria) 계통과 야마가타(Yamagata) 계통으로 나뉜다. B형 인플루엔자를 이렇게 두 계통으로 구분한 것은 1990년 후반부터다.

A형 인플루엔자는 가장 독성이 강한 것으로 알려져 있다. A형 인플루엔자는 사람, 야생 조류와 가금류, 돼지, 말 등에서 발생한다. A형 인

플루엔자는 모든 연령의 사람에게 감염될 수 있으며 감염되면 중간 정도나 중증의 증상이 나타난다. B형 인플루엔자는 사람에게만 감염되는데, A형 인플루엔자보다 증상이 약하며 주로 어린아이에게 감염된다. B형 인플루엔자는 전체 질병 발생의 27퍼센트 정도로 높은 비율을 차지하고 있다. C형 인플루엔자는 사람, 돼지, 개 등에서 발생하는데 대부분 무증상이고 인플루엔자 유행과 상관이 없다.

A형 인플루엔자는 표면 항원에 따라 여러 아형으로 나뉜다. A형 인플루엔자의 원인 바이러스는 'H1N1'과 'H3N2' 등과 같이 영어 알파벳 'H'와 'N'과 함께 숫자를 적어서 종류를 구분한다. 이는 바이러스가 사람 몸의 세포를 감염시키는 과정과 관련되어 있다.

인플루엔자바이러스가 숙주 세포 속으로 침투할 때 사용하는 적혈

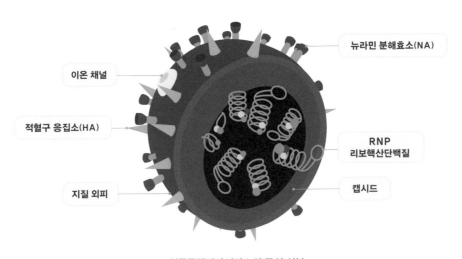

뉴라민 분해효소(NA)

이온 채널

적혈구 응집소(HA)

RNP
리보핵산단백질

지질 외피

캡시드

● 인플루엔자바이러스의 구성 성분

구 응집소를 가리키는 'H'와 숙주 세포로부터 빠져나올 때 사용하는 뉴라민 분해효소를 가리키는 'N'을 따와 바이러스의 이름을 짓는다.

또한 인플루엔자 A형의 아형은 숫자로 구분한다. 즉, 적혈구 응집소(HA)와 뉴라민 분해효소(NA)에 대한 항체 반응 여부와 종류에 따라서 숫자로 아형을 구분한다. 적혈구 응집소와 관련된 혈청형은 18개이고, 뉴라민 분해효소와 관련된 혈청형은 11개다. 그중에 사람에게 독감을 일으키는 것은 주로 H1, H2, H3 및 N1, N2 등이다. 신종플루는 'H1N1' 인플루엔자 A형에 의해 발생했다.

☀ 독감, 얼마나 위험할까

전 세계에서 매년 10억 명 정도가 독감에 감염되며 그중 25만~50만 명의 사망자가 발생한다. 독감의 치사율은 0.05~0.1퍼센트다. 이처럼 치사율은 높지 않지만 많은 독감 환자가 발생하고 있으며 사망자도 많이 발생한다.

로슈 글로벌 인플루엔자 의학부의 애론 허트는 가족 중에 누군가 독감에 걸리면 다른 가족에 감염될 확률이 38퍼센트나 되며, 이로 인해 미국에서 연간 약 13조 원의 의료비 지출이 발생한다고 설명했다. 이처럼 전염력이 강한 독감은 성인의 약 5~10퍼센트, 소아·청소년의 약 20~30퍼센트에서 발생한다.

우리나라에도 해마다 많은 사람이 독감으로 사망한다. 더불어민주당 신현영 의원이 통계청의 자료를 분석한 결과에 따르면 2015년부터

ⓐ 독감 환자

2019년까지 5년 동안 1,695명이 독감으로 인해 사망했다.[3] 그러니까 한 해 평균 339명이나 사망했다는 뜻이다. 이 결과는 사망진단서에 독감 감염이 주요 원인이라고 표시한 사항만 집계한 수치다.

그러나 독감에 걸려 죽더라도 사망진단서에 폐렴으로 사망했다고 적는 경우가 많다. 질병관리청은 한 해 독감으로 죽는 사람이 3,000명 정도될 것으로 추정한다. 이처럼 독감은 위험한 질환이다. 우리나라는 1997년에 인플루엔자 표본 감시를 시작했으며, 2000년대에 감염병 예방법이 개정되어 인플루엔자를 3군 감염병으로 지정·관리하고 있다.

☀ 인플루엔자바이러스의 변이

독감을 일으키는 인플루엔자바이러스는 매년 조금씩 항원 변이를 일으키며 독감을 유행시킨다. 항원 변이는 동일한 인플루엔자 아형에서 점상(point) 돌연변이로 인해 약간의 항원 변이가 일어나는 항원 소변이와 항원의 적혈구 응집소와 뉴라민 분해효소가 새로운 것으로 변하는 대변이로 구분된다.

매년 계절마다 걸리는 독감은 항원 소변이가 일어난 인플루엔자바이러스에 의해 감염되어 발생한다. 그런데 A형 인플루엔자바이러스는 가끔 항원 대변이를 일으켜 전 세계적인 대유행을 일으킨다. H2N2 바이러스가 H3N2 바이러스로 변이를 일으키는 것 등이 항원 대변이의 대표적 사례다.

인플루엔자바이러스의 항원 대변이는 10~40년 주기로 대유행 인플루엔자를 발생시킨다. 신종 인플루엔자 범부처 사업단에 따르면, 전 세계적으로 크게 유행한 인플루엔자 발생 사건이 여러 차례 있었다.[4] 먼저, 'H2N2' 인플루엔자바이러스가 원인이 되어 발생한 1889~1891년의 아시아 인플루엔자는 100만 명가량의 목숨을 앗아갔다. 두 번째, 'H1N1' 인플루엔자바이러스가 원인이 되어 발생한 1918~1919년의 스페인 인플루엔자로 약 5000만 명의 사망자가 발생했다. 세 번째, 'H2N2' 인플루엔자바이러스가 원인이 되어 발생한 1957~1958년의 아시아 인플루엔자는 약 100만 명의 사망자를 기록했다. 네 번째, 'H3N2' 인플루엔자바이러스가 원인이 되어 발생한 1968~1969년의 홍콩 인플루엔자로 사망자가 약 80만 명에 이르렀다. 그리고 다섯 번째, 'H1N1' 인플루엔자바이러스가 원인이 되어 발생한 2009~2010년의 신종플루는 약 1만 8500명의 사망자를 기록했다. 이처럼 인플루엔자바이러스가 변이를 일으켜 전염력이 높아지면 많은 감염자와 사망자가 발생한다.

✺ 독감 백신

일반 감기는 원인이 되는 바이러스가 100가지 이상이라 특정 바이러스를 표적으로 해서 예방 백신이나 치료제를 만들기 어렵다. 하지만 독감은 원인 바이러스가 오르토믹소바이러스과의 RNA 바이러스이기 때문에 바이러스를 표적으로 한 백신과 치료제 개발이 가능하다. 간혹 독감 예방주사를 맞았는데 감기에 걸렸다고 의아하게 생각하는 사람이 있다. 독감 예방주사는 독감을 예방해주지만 감기를 예방해주지는 않는다. 또한 독감 예방주사를 맞았다고 모든 사람이 독감에 걸리지 않는 것도 아니다. 독감은 예방주사를 맞은 사람의 70~90퍼센트에게 예방 효과가 있는 것으로 알려져 있다.

독감 백신의 역사는 그리 오래되지 않았다. 1944년 미국의 토머스 프랜시스 주니어가 멸균된 달걀에서 인플루엔자바이러스를 배양하면 병원성이 사라진다는 연구 결과를 얻음에 따라 미국에서 최초의 인플루엔자 백신이 개발되었다.

이때 보통 두 종류의 독감 백신을 만들어 사용한다. 하나는 바이러스를 정제한 후 불활성화 처리한 것이고, 다른 하나는 달걀에서 병원성이 없어질 때까지 배양한 생백신으로 만든 것이다.

독감을 일으키는 인플루엔자바이러스는 유전물질로 RNA가 있기 때문에 돌연변이가 자주 일어난다. 돌연변이란 쉽게 말해 RNA에 있는 유전 정보가 복제되어 새로 만들어지는 과정에서 일부가 조금씩 다른 것으로 바뀌는 것이다. 이와 같이 인플루엔자바이러스는 돌연변이를 자주 일으키기 때문에 독감 예방 백신을 미리 만들어두었다가 해마다 사용하는 것이 어렵다. 매년 인플루엔자바이러스의 RNA 유전 정보가 조금씩 다르기 때문이다. 이런 이유로 WHO는 매년 다음 계절에 어떤 독감 인플루엔자가 유행할지 예측해서 발표하고, 그 예측 정보를 바탕으로 해서 제약회사가 독감 백신을 만들어 보급한다.

WHO는 어떻게 유행할 독감을 미리 알 수 있을까? WHO는 매년 어떤 독감이 유행할지 예측하기 위해 전 세계 80여 개국에 있는 144곳의 국립인플루엔자센터로부터 그 당시에 유행한 바이러스 정보를 꾸준히 수집한다. 우리나라 국립보건원은 1972년 WHO로부터 국립인플루엔자센터로 지정받아 지금까지 지속적으로 이 일에 참여하고 있다. 이처럼 세계 여러 나라가 공동으로 독감을 비롯한 바이러스로 인한 감염병 유행을 계속 감시하고 정보를 공유하고 있으며, WHO는 각국으로부터 모은 인플루엔자바이러스의 유전자를 분석하고 항원형을 분식해서 다가오는 계절에 어떤 종류의 독감이 유행할지 예측한다.

WHO는 다음 절기의 인플루엔자바이러스 백신 선정 결과*를 북반구는 매년 2월에, 남반구는 매년 9월에 공표한다. 이를 바탕으로 제약회사들은 몇 달에 걸쳐 백신을 생산하여 독감의 유행 시기 이전에 백신 접종이 될 수 있도록 공급한다. 독감이 유행하는 시기는 우리나라를 포함한 북반구는 10월에서 이듬해 4월 사이, 남반구는 4월에서 10월 사이이며 열대 지방은 연중 발생한다.

---

* WHO recommendations on the composition of influenza virus vaccines

독감 백신은 3가 백신이나 4가 백신을 사용한다. 3가 백신은 A형 인플루엔자바이러스의 두 가지 아형(H1N1, H3N2)과 B형 인플루엔자바이러스의 한 가지 아형(Victoria)에 대한 항원을 포함하고 있다. 그리고 4가 백신은 3가 백신의 성분과 함께 B형 인플루엔자바이러스의 다른 한 가지 아형(Yamagata)을 더해서 총 4가지 바이러스에 대한 항원을 포함하고 있다. 2017년 글로벌 제약사 GSK는 A형 인플루엔자바이러스의 두 가지 아형(H1N1, H3N2)과 B형의 두 가지 아형(Victoria, Yamagata) 모두 예방할 수 있는 4가 인플루엔자 백신 '플루아릭스 테트라(Fluarix Tetra)'를 개발했다.

독감 예방주사는 독감이 유행하기 몇 달 전이나 적어도 한 달 전에 접종해야 인체가 바이러스에 면역을 갖게 된다. 일반적으로 어린이와 노인 그리고 당뇨병이나 심장병 등 기저질환이 있는 사람들에게 독감 백신 접종을 권장한다.

✹ 독감 치료제와 그 작용 원리

독감 치료제가 몇 가지 개발되어 독감 환자 치료에 사용되고 있다. 이 중 타미플루가 가장 유명하다. 타미플루는 인플루엔자바이러스의 뉴라민 분해효소 기능을 억제하여 체내 확산을 저지한다. 또한 다른 치료제로는 바이러스의 이온 채널을 차단해서 감염을 막는 항바이러스 약물이 있다.

타미플루는 1996년 미국 제약회사인 길리어드 사이언시스가 독감 치료제로 개발했다. 타미플루는 원래 중국의 향신료인 '스타 아니스 (Star anise)' 열매에서 추출한 시킴산(Shikimic acid)을 원료로 해서 만들었다. 길리어드는 타미플루를 개발한 후 스위스 제약사인 로슈에 특허를 넘겼다. 타미플루는 인플루엔자 치료제 오셀타미비어의 상품명으로 2016년까지 로슈가 독점 판매했다.

타미플루는 A형 인플루엔자 전반에 치료와 예방 효과가 있으며 B형 인플루엔자에도 효과가 있다. 타미플루는 일부 환자에게서 피부 질환, 구토, 쇼크, 환각이나 환청 등의 부작용이 나타나는 것으로 보고되었으나 독감 치료 효과가 뛰어나서 오랫동안 많은 환자가 치료제로 복용하고 있다. 특히 2009년 신종플루가 발생했을 당시 타미플루는 환자의 치료와 확산 방지에 크게 기여했다.

타미플루와 같은 뉴라민 분해효소 저해제(沮害劑)인 치료제로는 자나미비르(Zanamivir) 성분의 리렌자가 있고, 페라미비르(Peramivir) 성분의 정맥 주사제도 개발되어 사용되고 있다.

타미플루가 독감 환자를 치료하는 원리는, 독감을 일으키는 바이러스가 사람 몸의 세포에 침투하여 증식한 후 다시 빠져나가는 과정을 차단하는 데 있다. 인플루엔자바이러스는 사람 세포 속으로 침투해서 숙주 세포 안에 자신의 유전자를 복제하고 단백질과 효소를 생산·조립하면서 증식한다. 이후 많은 수로 증식한 바이러스가 숙주 세포의 세포막을 뚫고 빠져나와 다른 세포로 퍼져나간다. 타미플루의 주요 약 성분인 오셀타미비어는 인플루엔자바이러스가 숙주 세포에서 빠져나오지 못하게 작용한다. 인플루엔자바이러스는 뉴라민 분해효소를 이용해서 숙주 세포의 막을 뚫고 빠져나오는데, 타미플루의 주성분인 오셀타미비어가 뉴라민 분해효소에 딜라붙어 인플루엔자바이러스가 세포막을 뚫고 나가지 못하게 막는다.

이처럼 타미플루는 세포 안에서 독감을 일으키는 바이러스의 증식을 막는 것이 아니라 증식된 바이러스가 세포에서 빠져나가는 것을 막는 역할을 하기에 독감 증상이 나타난 후 48시간 이내에 복용해야 효과가 있다. 독감 환자가 너무 늦게 타미플루를 먹으면 이미 많은 바이러스가 온몸으로 퍼져서 효과가 별로 없다는 뜻이다. 타미플루는 의사의 처방이 있어야만 살 수 있다. 독감 환자가 타미플루를 약 10시간 간격으로 한 알씩 5일간 복용하게 처방하고 있다.

또한 다른 원리로 치료하는 치료제도 개발되었다. 예를 들면 아만타딘(Amantadine)과 리만타딘(Rimantadine) 같은 항바이러스제를 주성분으로 하는 치료제다. 이 치료제는 M2 저해제로 바이러스의 이온 채널을 차단해서 세포 감염을 일으키는 것을 막는 약이다. 1966년 아만타딘은 독감 치료제로 허가를 받았다. 이 치료제는 A형 인플루엔자에 효과가 있지만, B형 인플루엔자에는 효과가 없다.

독감 환자 치료를 위해 오랫동안 타미플루가 사용되면서 이에 내성이 생긴 바이러스가 등장했다. 2009년까지 타미플루 내성이 생긴 바이러스가 20건 이상 보고되었다. 이처럼 타미플루 같은 항바이러스제에 내성이 생긴 바이러스가 늘면서 이에 대응하는 새로운 독감 치료제의 개발이 필요하게 되었다.

타미플루가 개발된 이후 약 20년 만에 새로운 항바이러스제가 개발되었다. 바로 로슈가 개발한 '조플루자(Xofluza)'다. 이 약품은 인플루엔자 A형 또는 B형 바이러스 감염증의 치료제로, 2019년 식품의약품안전처의 허가를 받았다. 조플루자는 인플루엔자바이러스의 복제에 꼭 필요한 엔도뉴클레아제(Endonuclease)라는 효소를 억제해서 바이러스 증식을 막는 약이다. 타미플루가 바이러스가 증식된 이후 세포로부터 빠져나가는 것을 막는 역할을 한다면, 조플루자는 바이러스의 증식을 차단하는 역할을 한다.

2부
....

인류를 공포에 떨게 한
역사적 감염병

흑사병 I
역사상 가장 참혹했던 감염병

인류 역사를 살펴보면 '흑사병'은 전염병의 대명사처럼 사용되어왔다. 중세 유럽을 휩쓸고 지나간 병으로 유명하지만 그 이후에도 수차례 흑사병이 발생하여 많은 사람을 죽게 한 무서운 감염병이다. 흑사병이 크게 유행하던 옛날에는 사람들이 흑사병이 왜 생기는지 제대로 알지 못했다. 그러나 과학이 발달하면서 그 원인 병원균의 정체가 밝혀지고 흑사병을 치료할 수 있는 치료제도 개발되었다.

☀ 흑사병이란

흑사병은 페스트균(*Yersinia pestis*)에 감염되어 발생하는 급성열성전염병이다. 흑사병은 '페스트(Pest)'라고도 하는데, 라틴어 'Pestis'에서 유래했다. 사실 라틴어 'Pestis'는 하나의 질병이 아니라 전염병을 가리키는

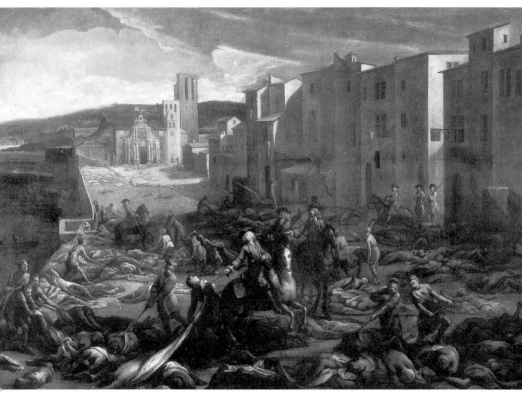

◉ 프랑스 마르세유에서 대유행한 감염병(1720) 당시를 묘사한 미셸 세르(Michel Serre)의 작품

보통명사이며, 흑사병을 지칭하는 독일어 'pest'와 영어 'plague'도 전염병을 가리킨다. 이처럼 예전에는 무서운 전염병을 흑사병이라고 불렀던 것이다.

'흑사병(黑死病)'을 '검은 죽음(Black Death)'이라 부르기도 한다. 이 병에 걸리면 몸의 말단 부위가 검게 변하면서 죽어갔기 때문이다. 그런데

'흑사병'이란 병의 이름이 생겨난 것은 흑사병의 대형 참사가 벌어졌던 14세기가 아닌 1883년이었다. 그 이전에는 이 병이 어떤 원인으로 생겨났는지 알지 못했고 어떻게 예방하고 치료해야 하는지 전혀 알 수도 없는, 그저 감염되면 죽을 수도 있는 무서운 전염병이었다.

흑사병은 환자의 증상에 따라 패혈성 흑사병, 림프절 흑사병, 폐 흑사병 등 세 가지로 구분한다. 발생 빈도는 림프절 흑사병, 폐 흑사병, 패혈성 흑사병 순이다.

패혈성 흑사병은 페스트균이 혈액으로 들어가서 발생하는데, 출혈성 반점과 혈액 응고로 인해 몸에 검은 반점이 생긴다. 이렇게 몸의 말단부가 검게 변하면서 죽어가기에 '흑사병'이라고 불렀던 것이다.

림프절 흑사병에 걸리면 보통 2~6일의 잠복기 이후 오한, 고열, 근육통, 두통 등의 증상이 나타나며, 증상 발현 후 24시간 이내에 페스트균이 침투한 사타구니나 목, 겨드랑이의 림프절에 통증이 발생한다. 전체 흑사병 중에서 림프절 흑사병은 75퍼센트 정도이며, 14세기 유럽에서 대규모 유행한 흑사병도 림프절 흑사병이라고 알려졌다.

폐 흑사병은 페스트균이 인체의 폐를 공격해서 폐부종을 일으키는데 발병 후 8일 이내에 80퍼센트의 환자가 사망한다. 림프절 흑사병은 사람 사이에 전파가 일어나지 않지만, 폐 흑사병은 사람 사이에 전파가 일어날 수 있다. 폐 흑사병에 걸린 사람이나 감염된 동물의 체액과 침방울 등이 다른 사람의 호흡기로 들어가면 흑사병에 감염될 수 있다. 보통 3~5일의 잠복기 이후 기침, 가래, 호흡곤란 등의 폐렴 증상이 나타난다.

흑사병에 감염된 사람이 제대로 치료받지 못하면 1~5일 사이에 죽을 가능성이 높다. 급성으로 진행될 경우에는 6시간 만에 죽을 수도 있다. 패혈성 흑사병과 폐 흑사병의 치사율은 30~100퍼센트로 매우 높고, 림프절 흑사병의 치사율은 50~60퍼센트다. 이처럼 흑사병은 치사율이 매우 높아 아주 위험한 감염병이다.

☀ 중세 유럽에 퍼진 흑사병

2020년 2월에 유럽의 중세 시대 흑사병 집단 매장지를 조사한 연구 결과가 발표되었다.[1] 영국 셰필드 대학교 연구팀이 링컨셔에 있는 손턴 수도원의 매장지를 발굴 조사했는데 이곳에 14세기 영국에서 흑사병으로 죽은 48명이 집단 매장되어 있었다. 대도시에서 떨어진 시골 지역에 있는 손턴 수도원에 매장된 유골 48구 중 21구가 어린이 유골이었고, 이들은 모두 단 며칠 만에 매장된 것으로 밝혀졌다. 당시 수도원 같은 종교기관이 환자를 돌보고 가난한 사람을 구제하는 일을 했기 때문에 수도원 안에 흑사병 사망자의 집단 매장지가 있는 것이라고 이 연구팀은 설명했다. 이처럼 대도시뿐만 아니라 외딴 시골에까지 흑사병의 어두운 그림자가 드리웠다는 것을 알 수 있다. 당시 흑사병으로 인해 영국 인구의 절반이 2년도 되지 않은 짧은 시기에 죽었다고 한다.

지금으로부터 670년 전 유럽에서 흑사병이 발생하여 2000만 명 이상이 사망한 것으로 추정하고 있다. 14세기에 유럽뿐만 아니라 아시아

⚘ 흑사병에 걸린 환자를 치료하는 프란체스코 수도사들.
15세기에 활동한 야코포 오디(Jacopo Oddi)의 작품

에도 흑사병이 크게 유행했는데 이로 인해 2500만~2억 명의 사람이
사망했을 것으로 추정하고 있다. 이후 다시 흑사병 이전의 인구 수로
회복하는 데 무려 200년이나 걸렸다고 한다. 이처럼 흑사병은 무서운
감염병이었다.

어떤 전문가는 14세기 유럽에 퍼진 이 역병이 흑사병이 아니라 에볼
라나 지금은 사라진 다른 위험한 감염병일 수도 있다고 주장한다. 사

실 14세기 당시에는 이 역병에 대한 이름이 없었다. 이 병을 흑사병이라 부르기 시작한 것은 1883년부터이기 때문이다. 그리고 몇백 년 전에 기록된 문헌 자료와 환자의 증상에 대한 기록만으로는 어떤 병이라고 특정지어 말하기가 쉽지 않다.

하지만 오늘날에는 14세기 유럽에 퍼진 이 역병이 페스트균의 감염으로 생긴 흑사병이라고 분명하게 말할 수 있다. 과학의 발달로 14세기에 유럽의 대도시에서 흑사병이 창궐하여 죽은 사람들이 묻힌 집단 매장지를 발굴하여 유골들에서 DNA를 추출·분석함으로써 페스트균에 의한 흑사병으로 죽었다는 것을 확인할 수 있으며, 이러한 연구 결과가 이미 여러 논문에 발표되었기 때문이다.

☀ 중세 유럽인이 믿었던 흑사병의 원인

14세기 당시 유럽 사람들이 이 역병의 발생 원인에 대해 어떻게 생각했는지 살펴보면 당시 과학 수준을 엿볼 수 있다. 당시 천문학자들은 1341년 토성과 화성 및 목성이 물병자리에서 일직선으로 겹치는 천체 이변이 있었는데 이것이 흑사병의 원인이라고 주장했다. 또한 교회 종교 지도자들은 타락한 인간에게 주어진 신의 회초리라고 생각했다.

당시에도 전문적인 교육을 받은 의사들이 있었고 의사들을 길러내는 대학도 있었다. 그러나 당시 의사들은 흑사병이 오염된 대기 때문에 생긴다고 생각했다. 1345년 3월 20일 프랑스 파리 대학교 의학부는 화성·목성·토성이 일렬로 배열되어 지구 대기에 치명적인 오염을 일으켰

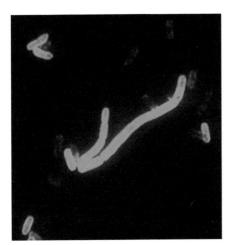
● 막대 모양의 페스트균(Yersinia pestis)

고 이것이 흑사병의 원인이라고 발표했다. 당시에는 이러한 주장이 권위 있는 의학 전문가들의 과학적 주장으로 받아들여졌다.

그러나 요즘의 과학적 지식에서 살펴보면 너무나 말이 안 되는 엉터리다. 현재는 분명히 알고 있다. 흑사병은 오염된 공기나 행성의 움직임에서 생긴 것이 아니라 페스트균에 감염되어서 생긴다는 것을 말이다. 이처럼 당시에는 이 역병에 대해 제대로 알지 못했다.

☀ 흑사병은 어떻게 유럽으로 들어왔을까

원래 흑사병은 쥐와 같은 설치류 사이에서 유행하던 중국의 풍토병이었다. 몽골 제국이 중국의 금나라와 남송을 정복하던 시기에 사람들이 야생 쥐를 잡아먹으면서 쥐의 몸에 있던 페스트균이 사람에게 옮겨와 흑사병이 발생했을 것으로 추정한다. 이렇게 사람에게 옮겨온 흑사병은 몽골 제국의 군대가 유럽을 침략하는 과정에서, 그리고 동서양의 무역 통로였던 실크로드를 통해서 아시아에서 유럽으로 전파되었을 것으로 추정하고 있다.

몽골군이 유럽을 침략하던 1347년에 흑사병이 유럽의 관문인 흑해

연안의 카파(Kaffa, 현재의 페오도시야Feodosiya)로 전해졌다. 이후 흑사병은 육로와 해로를 통해 이탈리아 전역과 유럽의 많은 지역으로 퍼져나갔다. 1347년 말에는 이탈리아의 제노바·피사·베네치아를 넘어 프랑스에까지 흑사병이 번졌다. 이후 1348년에 프랑스 전역으로 확산되더니 1349년에 영국의 런던과 스코틀랜드에까지 퍼졌다. 급기야 1350년 대부분의 유럽 지역에 흑사병이 퍼졌고 사망자가 속출했다. 1351년에는 흑사병이 소강 상태를 보였으나, 이때는 이미 3년 동안 2000만 명 이상이 사망한 후였다.

이처럼 흑사병이 유럽에 단기간 내에 빠르게 확산된 이유에는 기후도 영향을 미쳤을 것으로 전문가들은 추측하고 있다. 1315~1317년 유럽의 기온 하락에 따른 대기근으로 사람들의 영양 상태가 나빠져 면역력이 크게 떨어졌으며, 이러한 상태에서 흑사병이 퍼져서 피해가 더 컸던 것이다.

14세기 흑사병의 대유행이 끝나자 인구가 크게 감소하여 노동력이 부족해지자 영주와 귀족들은 이전처럼 노동력을 착취하기가 어려워졌다. 이로 인해 유럽의 봉건제가 크게 흔들렸고 마침내 무너지게 되었다. 또한 부족한 노동력을 대신할 새로운 기술들이 발달하는 계기가 되었다. 이처럼 흑사병이라는 감염병이 역사에 미친 영향은 매우 크다.

흑사병은 이후에도 유럽에 여러 차례 크게 발생했다. 영국에서는 14세기 후반에서 17세기 중반까지 여러 차례 흑사병이 발생했는데, 이로 인해 400만~700만 명의 사망자가 발생한 것으로 추정되고 있다.

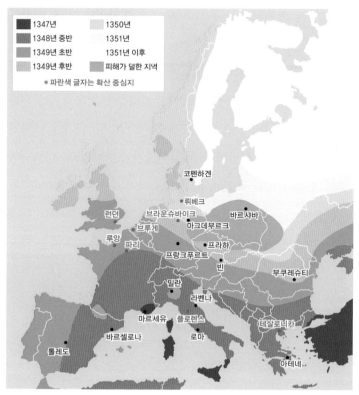

●14세기 유럽에 번진 흑사병

☀ 중세 이전에도 흑사병이 있었을까

14세기 유럽의 흑사병 발생을 흑사병의 제2차 대유행이라고 기록한 문헌을 종종 볼 수 있다. 이는 14세기 이전에 흑사병의 제1차 대유행이 있었음을 의미한다. 6세기 동로마 제국의 유스티니아누스 대제 시기에 흑사병이 발생했다는 기록이 있는데, 이를 흑사병의 제1차 대유행이라고 한다. 당시 동로마 제국의 수도였던 콘스탄티노플에서 하루에 5,000~10,000명이 죽고, 흑사병이 휩쓸고 지나간 도시의 인구가 40퍼센트나 사망하는 참사가 벌어졌다고 한다. 사람들은 이를 '유스티니아누스 역병'이라고 불렀다. 실제로 유스티니아누스 대제도 이 역병이 걸려서 겨우 살아났다고 한다.

여기서 잠시 생각해보자. 앞에서 14세기에 유럽을 덮친 흑사병이 아시아에서 생겨나 몽골군을 따라 유럽으로 넘어왔다고 설명했다. 그런데 그 이전 6세기 동로마 제국 시절에도 흑사병이 크게 유행했다. 그렇다면 6세기에 크게 유행했던 흑사병이 잠잠하다가 14세기에 다시 번져서 크게 확산된 것은 아닐까?

역사학자 마이클 돌스는 6세기 유스티니아누스 대제 시기의 흑사병은 북아프리카에서 중앙아시아를 거쳐 유럽으로 전파되었을 것으로 추정된다고 주장했다. 흑사병의 기원과 전파 과정을 확인해볼 수 있는 증거는 두 가지다. 하나는 역사적인 문헌 기록이고, 다른 하나는 흑사병의 원인인 페스트균의 DNA다.

2011년 이와 관련하여 중요한 연구 결과를 독일과 캐나다 등의 공동 연구팀이 발표했다.[2] 이 연구팀은 영국 런던의 흑사병 공동묘지에서 발견된 중세 사람의 치아에서 세균의 DNA를 추출하여 분석했다. 이를 통해 흑사병의 병원균 게놈 지도를 처음으로 완전히 해독했으며 그 연구 결과를 〈네이처〉에 발표했다. 여기서 게놈 지도란 세균의 유전자 정보 전체를 분석하고 기록으로 남겼다는 것을 의미한다. 이처럼 흑사병의 원인인 페스트균의 유전자 정보 전체를 분석해서 게놈 지도로 만드는 연구가 진행됨으로써 좀 더 분명한 사실들이 드러났다.

이 연구팀은 흑사병의 원인인 페스트균의 유전자 암호를 해독한 결과, 사람에게 감염될 수 있는 모든 종류의 병원균의 공동 조상과 아주 가깝다는 것을 알아냈다. 그리고 중세 유럽의 흑사병 원인인 페스트균은 기원이 12~13세기라는 것도 밝혀냈다. 그러니까 6세기 유스티니아누스 역병을 일으킨 원인 병원균과 14세기 중세 흑사병을 일으킨 원인균이 다르다는 것이 이 연구에서 밝혀진 것이다.

이 연구팀은 6세기 유스티니아누스 역병의 원인 병원균은 지금은 완전히 멸종한 페스트균 변종이거나 지금은 알지 못하는 전혀 다른 병원균에 의해서 발생했을 것이라고 설명했다. 또한 유스티니아누스 역병을 일으켰던 페스트균의 후손 병원균은 남아 있지 않은 것으로 보인다는 설명도 덧붙였다. 이 연구팀은 660년이 지났지만 중세 유럽에서 창궐한 페스트균의 게놈이 거의 변하지 않았다고 설명했다. 그러니까 중세 유럽의 흑사병으로 인해 죽은 매장지에서 추출한 페스트균의 DNA와 최근에 발견되는 페스트균의 DNA가 거의 같다는 뜻이다.

✹ 흑사병 환자의 진단과 치료

흑사병에 감염된 것으로 의심되는 환자가 발생하면 그의 혈액, 림프액, 가래 등을 채취해 페스트균 배양 검사를 거쳐 확진 판정을 내린다.

흑사병의 치사율이 30~100퍼센트로 매우 높아서 감염된 환자를 적절히 치료하지 않으면 죽을 수 있다. 그러나 요즘은 항생제가 개발되어 흑사병 환자 치료에 사용된다. 미국 질병통제예방센터는 흑사병에 감염되어 증상이 나타나면 24시간 안에 항생제를 투여해야 치료가 잘 된다고 밝혔다. 항생제를 빨리 투여해 환자를 치료하면 패혈성 흑사병과 폐 흑사병의 치사율이 30~50퍼센트로 낮아지고, 림프절 흑사병의 치사율은 15퍼센트 이하로 낮출 수 있다.

흑사병 치료에 주로 사용되는 항생제는 독시사이클린(Doxycycline), 레보플록사신(Levofloxacin), 겐타마이신(Gentamicin), 스트렙토마이신(Streptomycin) 등이다. 흑사병 환자나 의심 환자는 일주일 동안 하루에 두 번 항생제를 복용해야 한다. 우리나라에도 이러한 항생제들을 많이 비축하고 있어 만약 국내에서 흑사병 환자가 발생하더라도 초기에 항생제를 투여하여 치료할 수 있다.

흑사병을 예방하기 위한 백신은 아직 없다. 백신 개발을 예전에 진행했지만 1999년에 중단했다고 한다. 그 이유는 최근에 연간 발생하는 흑사병 환자 수가 많지 않고, 감염되더라도 초기에 항생제를 투여하여 치료할 수 있기 때문이다.

흑사병 II
지금도 발생하고 있다고?

2020년 7월 중국 네이멍구자치구에서 흑사병이 발생했다는 뉴스가 들려왔다. 전 세계가 코로나19 대유행을 겪고 있는 상황에서 흑사병까지 발생했다. 당시 중국뿐만 아니라 미국과 아프리카에서도 흑사병이 발생했다.

흑사병이라면 중세 시대에 유럽 전역을 휩쓸었던 무서운 감염병이다. 그 흑사병이 오늘날 우리 곁에 다시 나타난 것일까? 아니면 무슨 다른 발생 원인이라도 있는 것일까?

☀ 중국에서 흑사병이 발생했다!

중국 네이멍구자치구에서 야생동물을 사냥해서 먹은 형제가 흑사병에 걸린 사건이 2020년 7월에 발생했다. 그 야생동물에게 있던 흑사병을 일으키는 페스트균에 감염되어 발병한 것이다. 이로 인해 4명이 감염되었고 그중 1명이 사망했다.

이 무렵 몽골에서는 죽은 마멋(Marmot)과 접촉한 6세 아이가 고열과 기침 등 흑사병 의심 증상으로 병원 치료를 받았다. 그뿐만 아니라 39세 몽골 주민이 마멋을 잡아먹었다가 흑사병 의심 증상이 나타나 병원으로 이송되기도 했다. '마멋'은 우리에게는 낯설지만 우리나라의 쥐보다 덩치가 훨씬 큰 설치류다. 몽골 사람들은 야생 마멋을 자주 사냥해서 먹는다. 특히 마멋의 생간이 몸에 좋다는 속설이 있어 익히지 않고 먹는 풍습이 있다. 그런데 문제는 이 마멋의 몸에 흑사병을 일으키는 페스트균이 있을 수 있다는 사실이다.

2000년에 야생 마멋을 불법으로 다른 곳으로 운반하던 일당이 중국

❀흑사병을 일으키는 페스트균을 지녔을 것으로 추정하는 마멋

간쑤성에서 붙잡힌 사건도 있었다. 그들이 운반하던 218마리의 마멋 가운데 30마리는 이미 죽어 있었다. 중국 질병관리 당국이 조사한 결과 그 마멋들에서 흑사병을 일으키는 페스트균이 검출되었다.

또한 2019년 5월에 네이멍구자치구에서 설치류의 생간을 먹은 남녀가 흑사병에 걸려 죽었다. 이에 중국 정부와 WHO는 긴장하며 검역 조치에 나섰다. 이들과 접촉한 118명을 격리하고 항생제를 투여했는데 다행히 더 이상의 흑사병 환자는 발생하지 않았다. 이 일이 있고 몇 달 후 11월에 또다시 내몽골 지역의 주민 2명이 흑사병에 걸렸다.

이처럼 흑사병 환자가 발생할 때마다 중국 사람들은 흑사병이 중세 유럽에 퍼진 것처럼 중국에 크게 퍼지는 것은 아닌지 걱정했고, 다른 나라들도 자국으로 옮겨오는 것은 아닌지 걱정하며 지켜보았다. 중국과 몽골 정부는 마멋 사냥을 금지하고 대대적인 마멋 소탕 작전을 펼치고 있다.

중국은 근래에 수차례 흑사병이 발생하고 있다. 중국 〈차이신왕〉에 따르면 중국에서 흑사병 환자가 1990년에 74명, 1996년에 95명, 2000년에 253명, 2001년에 90명 발생했다. 그런데 2011년 이후로는 발생 건수가 많이 줄었다. 2012년에 1명, 2014년에 3명, 2017년에 1명 등이라고 중국 질병관리본부는 밝혔다. 사실 그 이전에는 더 많은 환자가 발생했다. 1911~1922년 중국 동북 지방에서는 흑사병 대유행으로 7만 명의 사망자가 발생했다. 이후 위생 상태가 좋아지고 항생제를 사용함으로써 흑사병 환자 발생 수가 줄었고 사망자도 크게 줄었다. 하지만 아직 흑사병은 사라지지 않고 끊임없이 발생하며 위협을 가하고 있다.

☀ 미국에서도 흑사병이 발생하다

2020년 7월 미국 콜로라도주에서 흑사병이 발생했다는 뉴스가 들려왔다. 미국은 식품의약국(FDA)과 질병통제예방센터 등으로 대표되는 세계 최고의 의료기술을 보유한 나라다. 그런데 흑사병이 발생하다니 의아한 생각마저 들었다.

미국 콜로라도주의 흑사병 발생 뉴스는 그 내막을 보면 크게 놀랄 일은 아닌 것 같다. 미국 콜로라도주에서 야생 다람쥐 한 마리가 림프절 흑사병에 감염되었다고 제퍼슨 카운티 보건 당국이 밝힌 것이다. 이처럼 흑사병은 사람뿐만 아니라 설치류와 여러 야생동물에게도 감염되는 인수공통감염병이다. 그렇다고 사람이 아닌 야생동물이 흑사병에 걸린 것이니 안심이라는 의미는 아니다. 그 흑사병에 걸린 야생동물을 통해 사람이 흑사병에 감염될 수 있기 때문이다.

2012년에 미국에서 길고양이에 물린 사람이 흑사병 의심 증상을 보이기도 했고, 2015년 미국에서 3명이 흑사병에 걸려 사망했다. 미국의 뉴멕시코주, 애리조나주, 콜로라도주 등에서 주로 흑사병이 발생하고 있다. 실제로 미국에서는 매년 7건 정도의 흑사병 환자가 발생한다고 하니, 미국도 흑사병 청정 지역은 아니다.

※ 오세아니아를 제외한 전 대륙에서 발생하는 흑사병

그럼 다른 나라들은 흑사병에서 안전할까? WHO는 2010~2015년에 전 세계에서 3,248명의 흑사병 환사가 발생했다고 밝혔다. 이를 대륙별로 살펴보면, 아프리카 3,123명, 아메리카 108명, 아시아와 유럽 17명이다. 그리고 92퍼센트가 아프리카의 콩고민주공화국과 마다가스카르에서 발생했다. 사실 이 기간 중에 중국에서 발생한 흑사병 환자는 10명뿐이었다.

질병관리본부에 따르면 전 세계의 대륙 중에서 오세아니아를 제외한 모든 대륙에서 흑사병이 발생하고 있다고 한다. 특히 흑사병 환자가 많이 발생하는 마다가스카르에서는 2012년에 256명의 환자가 발생하

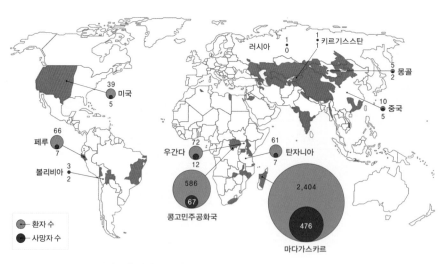

◉2010~2015년까지 흑사병 발생 추이(출처: WHO)
(▨은 페스트 발생 지역, 2016년 3월 기준)

여 60명이 사망했고, 2017년에 2,417명의 환자가 발생하여 209명이 사망했다.

WHO는 흑사병이 일부 지역에 풍토병으로 남아서 드물게 발생하고 있다고 설명한다. 그러니까 중국을 비롯하여 흑사병 환자가 계속 발생하는 지역에서는 흑사병이 토착화되어 풍토병으로 자리를 잡고 있어서 계속 환자들이 발생하고 있다는 뜻이다. 이처럼 흑사병이 풍토병이 된 지역에 사는 사람들은 늘 흑사병의 감염 위험에 노출된 상태로 살아가고 있다. 또한 이와는 멀리 떨어진 안전한 지역이라 해도 흑사병 환자가 이동하여 페스트균을 전파하거나 페스트균을 가진 동물의 이동에 의해 흑사병이 다른 지역으로 확산될 위험은 여전히 남아 있다.

2019년 흑사병이 풍토병으로 자리 잡은 네이멍구자치구 주민들이 베이징에 왔다가 병원에서 검사를 받고 흑사병 확진 판정을 받았다. 당시 중국에서는 많은 사람들이 흑사병이 베이징과 중국 전역으로 확산되는 것은 아닌지 걱정했다. 다행히 이러한 참사는 일어나지 않았지만 감염 확산의 위험에 대한 경각심을 불러일으키는 사건이었다.

☀ 흑사병의 감염 과정

흑사병을 일으키는 페스트균은 사람뿐만 아니라 쥐, 마멋, 고양이, 개, 토끼 등을 포함하여 200종 이상의 동물이 감염될 수 있다.

사람이 흑사병에 감염되는 과정은 몇 가지로 나눌 수 있다. 먼저 야생 설치류와의 접촉에 의해서 감염될 수 있다. 이 경우 야생 설치류에서식하던 페스트균을 가진 벼룩이 사람에게 옮겨와 사람의 다리나 몸을 물면 벼룩 속에 있던 페스트균이 사람의 몸속으로 침투한다. 이렇게 침투한 페스트균에 따라 빠르면 몇 시간 후에 증상이 나타나고 악화되기도 한다.

또 다른 흑사병의 감염 과정은 페스트균에 감염된 마멋의 혈액이나 체액과 접촉할 때 그 과정에서 페스트균이 사람에게로 옮겨와 감염되는 경우다. 이외에도 흑사병에 걸린 사람의 혈액이나 체액 또는 기침할 때 나오는 작은 침방울 등이 다른 사람의 호흡기나 상처로 들어가 페스트균이 감염되어 흑사병에 걸리기도 한다.

흑사병은 공기를 통한 전파가 이루어지지 않으며, 단순히 흑사병에 걸린 사람과 접촉했다고 쉽게 감염되지 않는다. 중국 네이멍구자치구와 몽골의 여러 사례에서처럼 흑사병 환자가 발생해도 그 수가 많지 않고 다른 사람에게 잘 전염되지 않는다. 따라서 코로나19처럼 급격히 빠르게 확산되어 수많은 흑사병 환자들이 발생할 것을 크게 걱정할 필요는 없다. 그렇지만 흑사병은 치사율이 아주 높은 매우 위험한 감염병이라는 사실을 잊어서는 안 된다.

☀ 우리나라는 흑사병에서 안전할까

중국에서 흑사병이 발생했다는 뉴스가 들려올 때마다 우리나라로 넘어와 퍼지면 어떡하나를 걱정하는 사람들이 있다. 더욱이 인터넷에 떠돌아다니는 잘못된 정보가 불안감을 부추기고 있다. 이와 관련하여

KBS 뉴스에서 다음과 같이 팩트체크 보도를 했다.

첫째, '옛날에 사라졌던 중세 시대 병이 뜬금없이 되살아났다'는 정보는 사실이 아니다. 왜냐하면 중세 유럽에서 흑사병이 크게 유행했지만 그 이전에도 흑사병이 있었고 그 이후에도 있었으며, 심지어 지금도 전 세계에서 매년 2,500명 정도의 흑사병 환자들이 발생하고 있기 때문이다.

둘째, '중국과 북한 사람들은 잘 안 씻어서 흑사병이 창궐할 수 있다'는 정보 역시 사실이 아니다. 흑사병은 단순히 안 씻어서 더럽다고 걸리는 것이 아니라 페스트균에 감염되어서 걸린다. 따라서 페스트균에 감염된 벼룩과 야생동물 등과 직접 접촉해야 흑사병에 걸린다.

셋째, '공기로도 전염되는 무서운 병이다'라는 정보도 사실이 아니다. 흑사병을 일으키는 페스트균은 먼지처럼 공기 중에 떠다니지 못한다. 페스트균에 감염된 동물이나 감염된 환자의 체액과 혈액 등을 직접 접촉해야 감염된다.

넷째, '애초에 예방할 수 있는 백신도 없다'는 정보는 사실이다. 흑사병을 예방할 수 있는 백신은 아직 개발되지 않았다.

다섯째, '한국도 위험하다'는 정보는 사실이 아니다. WHO와 질병관리본부는 국내로 흑사병이 유입될 가능성을 매우 낮다고 밝혔다.

2020년 7월 중국에서 흑사병 환자가 발생하자 우리나라는 국내 유입을 차단하기 위해 중국 네이멍구자치구에서 국내로 들어오는 항공편 운항을 중단시키고 상황을 주의 깊게 지켜봤다. 흑사병은 우리나라에서 제1급 감염병으로 지정되어 있지만 지금까지 국내에서 발생한 적은 전혀 없다. 중국과 같은 인접 국가에서 흑사병 환자가 발생하더라도 국내 유입을 차단하고 감염 예방 통제 조치를 잘 시행하고 있어서 국내로 흑사병이 유입되어 위험이 닥칠 가능성이 낮다. 또한 국내의 의료 수준과 방역 수준이 잘 구축되어 있기에 크게 걱정하지 않아도 된다.

☀ '중세 유럽의 흑사병'과 '현재의 흑사병'

앞에서 중세 유럽에서 발생한 흑사병의 페스트균과 오늘날 발생하는 흑사병의 페스트균의 DNA가 거의 변하지 않은 것으로 밝혀졌다는 연구 결과를 살펴보았다. 670년 전이나 지금이나 페스트균은 거의 똑같다. 그런데 요즘은 중세 유럽에서처럼 흑사병이 크게 유행하여 대형 참사로 이어지지 않는다. 왜 그럴까? 그동안 무슨 변화가 일어났던 것일까?

먼저 중세 유럽으로 가보자. 당시에는 이미 많은 사람이 모여 사는 큰 도시들이 형성되어 있었다. 그렇지만 대부분의 도시에는 쓰레기와 오물을 처리하는 시설이 없었다. 많은 사람이 밀집해 사는 곳에 오물이 방치되고 곳곳에 불결한 환경 속에서 쥐들이 들끓었다. 이러한 상황에서 흑사병이 발생하여 더욱 빠르게 확산되었다.

요즘 우리는 중세 유럽보다 더 큰 도시에서 더 많은 사람이 밀집되어 살아간다. 그렇지만 현대 도시에는 배출되는 쓰레기와 오물을 분리·수거하여 안전하게 처리하는 관리 시설이 가동되고 있다. 각 가정에 공급되는 수돗물도 불순물을 제거하여 깨끗하고 소독까지 해서 병균이 없는 상태다. 그리고 방역차가 도심의 구석구석을 소독하며 각종 병균들이 살 수 있는 물웅덩이와 오염된 곳을 찾아 방역 소독도 한다. 또한 생활하수와 오물을 배출하는 도관이 따로 설치되어 안전하게 잘 관리되고 있다. 요즘은 이렇듯 깨끗한 생활 환경에서 살아가고 있기 때문에 흑사병 같은 감염병이 옛날처럼 사람들 사이에 번지며 창궐하는 상황은 발생하지 않는다.

흑사병이 병을 일으키는 세균이 사람에게 감염되어 발생한다는 과학적인 사실을 알게 된 것은 중세 유럽의 흑사병이 창궐한 이후 몇백 년이 지나고 나서였다. 그도 그럴 것이 흑사병의 원인인 페스트균은 너무 작아 맨눈으로 볼 수 없다. 페스트균은 막대 모양의 세균으로 길이가 0.003밀리미터, 폭이 0.0008밀리미터다. 페스트균 100마리를 길이 방향으로 일렬로 줄을 세워도 0.3밀리미터밖에 되지 않으니 중세 시대에는 페스트균의 존재를 알 수가 없었다.

1676년 네덜란드의 안톤 판 레이우엔훅(Anton van Leeuwenhoek, 1632~1723)은 자신이 만든 렌즈를 이용해 세계 최초로 현미경을 만들었다. 이 현미경으로 물속을 들여다봤더니 아주 작은 생물들이 꿈틀거리는 것이 보였다. 이렇게 해서 세상에 세균과 같은 미생물이 존재한다는 것이 처음 드러났다. 이후 세균의 존재를 현미경으로 볼 수 있게 되었지만 흑사병을 일으키는 페스트균의 정체가 드러난 것은 이로부터 한참 후인 19세기에 들어와서다.

⊛ 안톤 판 레이우엔훅과 그가 발명한 세계 최초의 현미경 모형

　1877년 독일의 로베르트 코흐(Robert Koch, 1843~1910)는 탄저, 콜레라, 결핵 등이 병원균의 감염 때문에 생긴다는 것을 처음으로 밝혀냈다. 그러니까 코흐의 연구 이전에는 세균 감염에 의해 병에 걸린다는 사실을 알지 못했던 것이다. 그 무렵에 감염병은 오직 미생물에 의해서만 발생한다는 '코흐의 공리'가 발표되었고 코흐는 세균학의 아버지라 불리게 되었다.

　1894년 프랑스의 알렉상드르 예르생(Alexandre Yersin, 1863~1943)과 일본의 기타자토 시바사부로(北里柴三郎, 1853~1931)가 동시에 페스트균을 발견했다. 드디어 흑사병의 원인 세균이 밝혀졌고 그 세균의 이름

⊛ 페스트균을 발견한 프랑스의 예르생(왼쪽)과 일본의 기타자토(오른쪽)

을 '예르시니아 페스티스(*Yersinia pestis*)'라고 지었다. 이후 페스트균이 벼
룩에 기생하며 이 벼룩이 설치류와 여러 동물의 몸에 살고 있다가 사
람에게 전염되어 흑사병이 발생한다는 것이 밝혀졌다. 역사적으로 볼
때 아주 오래전부터 인류는 흑사병으로 인해 큰 참사를 여러 차례 겪
었지만 흑사병의 원인이 되는 세균의 존재를 정확하게 알게 된 것은
겨우 100년 남짓밖에 되지 않는다.

  중세 유럽과 현재의 상황을 좀 더 비교해보자. 중세 유럽에는 흑사
병 환자들을 치료할 약이 없었다. 당시에도 의사들이 환자들을 돌보
고 치료하려고 애썼으나 치료제도 없는 상황에서 폭발적으로 늘어나

는 환자들을 치료하기란 어려운 실정이었다. 사실 환자들을 거의 방치하는 수준이었을 것이다. 이로 인해 길거리에 흑사병으로 죽은 사람들의 시체가 여기저기 널려 있었을 것이다. 그러나 현재는 흑사병의 원인 병원균을 알고 있을 뿐만 아니라 이 병원균을 어떻게 죽이고 감염된 환자를 어떻게 치료할 수 있는지를 알고 있고 치료제도 있다. 흑사병은 24시간 이내에 항생제를 투여하여 치료하면 치사율을 크게 낮출 수 있다.

또 다른 중요한 차이점은 감염 예방이다. 감염병은 말 그대로 병을 일으키는 미생물에 감염되어 발생하는 질환이다. 중세 유럽에는 마스크도 없었을뿐더러 손 씻기와 사회적 거리두기 등의 중요성도 몰랐고 이를 실천할 수 있는 생활 환경도 아니었을 것이다. 이로 인해 감염병이 더 빠르고 많이 확산되었을 것이다.

유럽의 흑사병에 관한 자료에서 새 부리처럼 툭 튀어나온 가면과 이상하게 생긴 방호복을 입고 있는 의사의 모습을 그린 그

❀ 부리 가면 복장으로 흑사병 환자를 치료하러 가는 닥터 슈나벨. 파울 페르스트의 1656년 작품

림을 볼 수 있다. 그러나 이와 같은 방호복을 입은 의사는 14세기가 아니라 17세기 프랑스에서 처음 등장했다. 14세기 유럽에서는 감염병을 예방하기 위한 마스크나 방호복이 없었고 이것을 착용해야 할 이유도 몰랐다. 이에 따라 중세 유럽에서 흑사병 환자들을 돌보던 의사들과 수도원의 지도자들도 흑사병에 많이 감염되었다. 당시 유럽의 일부 지역에서 흑사병 환자들을 격리 수용하기도 했지만 흑사병의 확산을 크게 막지는 못했다.

천연두
인류가 박멸한 유일한 감염병

  세계 여러 나라에서 천연두에 얽힌 전설이나 역사적 사건이 전해져 내려온다. 무속신앙과 연결된 숭배의 대상이 되기도 하고 나라의 흥망성쇠를 좌우하는 존재로 역사에 기록되어 있다. 또한 우리가 익히 알고 있는 유명한 몇몇 인물은 천연두에 감염되기도 했다.

  영국 여왕 엘리자베스 1세는 천연두에 감염되었는데 다행히 나았다. 그러나 얼굴에 얽은 자국이 조금 남아 있고 탈모가 되어 화장과 가발로 가렸다. 그리고 프랑스 루이 15세도 천연두에 감염되었다. 또한 중국 청나라의 강희제도 천연두에 감염되었다가 나았으며, 일본의 다테마사무네도 천연두를 앓았다. 이뿐만 아니라 미국 대통령 조지 워싱턴도 천연두에 감염되었다가 나았다. 이외에도 천연두에 감염되었던 유명인이 많다. 이처럼 천연두는 수천년 동안 이어진 감염병인 만큼이나 수

많은 크고 작은 역사를 지니고 있다.

☀ 천연두가 종식되다!

2020년 WHO는 천연두 종식 선언 40주년을 기념했다. 지난 수천 년 이상 인류를 공포에 떨게 했던 천연두가 공식적으로 종식된 지 어느 덧 40년이 되었다. 천연두는 이집트의 파라오 람세스 5세 시대부터 20세기에 이르기까지 세계 많은 나라에서 수많은 환자와 사망자를 발생시켰다. 과학 기술이 상당히 발달한 20세기에도 전 세계에서 천연두 환자가 한 해에 5000만 명이 발생했다. 20세기에만 천연두에 걸려서 3억 ~5억 명이 사망했다. 주로 인도, 동남아시아, 아프리카, 남아메리카 등지에서 1950~1960년대에 수백만 명의 사망자가 발생했다. 그러나 전 세계적인 천연두 백신 접종과 같은 천연두 박멸 노력의 결실로 천연두 환자가 급격히 감소했으며 드디어 종식을 선언하기에 이르렀다.

1979년 12월 천연두의 종식이 공식적으로 확정되었고, 5개월 후인 1980년 5월에 개최된 제33차 세계보건총회(WHA)에서 천연두 종식이 선언되었다. 이로 인해 천연두는 인류가 없애버린 최초이자 유일한 인류의 감염병이 되었다. 이 천연두의 박멸 과정을 되짚어보면 한 편의 드라마틱한 영화를 보는 듯하다.

미국 질병통제예방센터가 밝힌 천연두 종식 과정을 보자. 1959년 WHO는 전 세계에서 천연두를 없애기 위한 사업을 시작했다. 그러나 자금과 인력 부족으로 어려움을 겪었고, 천연두 백신의 부족으로 대

⊛ 세계 천연두 종식을 지휘한 세 과학자가 천연두가 근절되었다는 기사를 읽고 있다.

대적으로 진행하기가 쉽지 않았다. 이런 상황에서 남아메리카와 아프리카 및 아시아 등 여러 나라에서 동시다발적으로 천연두가 계속 발생했다.

드디어 WHO는 1967년에 천연두 근절 계획을 수립하고 강력히 천연두 박멸에 나섰다. 천연두 박멸을 위해 WHO는 1967년부터 매년 약 250억 원을 지원했다. 이렇게 대대적인 천연두 박멸에 나섰던 1967년에도 전 세계에서 1,500만 명의 천연두 환자가 발생했으며 그중 200만 명이 사망했다고 WHO가 밝혔다. 이처럼 WHO가 강력한 천연두 박멸을 시작하고서 딱 10년이 지난 후 전 세계에서 자연적으로 천연두에 감염된 환자가 더 이상 발생하지 않는 놀라운 성과를 거두었다.

☀ 제너의 종두법이 세계로 확산되다!

1796년 에드워드 제너(Edward Jenner, 1749~1823)는 천연두를 예방할 수 있는 세계 최초의 백신인 종두법(種痘法)을 개발했다. 이후 1800년 존 클린치(John Clinch)는 친구인 제너가 보낸 천연두 백신을 아메리카 대륙으로 가져가 주위 사람들에게 접종하기도 했다. 그리고 1813년 미국에서 백신법이 제정되어 일반인도 천연두 백신을 접종받을 수 있게 되었으며, 1843년 이후에는 여러 주에서 백신 접종이 의무화되었다. 네덜란드령 동인도에서는 1817년부터 백신 접종이 진행되었다.

이 종두법은 일본과 우리나라에도 전해졌다. 1700년대에 이미 서양의 의학 서적과 기술이 전해지면서 일본 의사들의 큰 주목을 받았다. 이러한 상황에서 1849년 네덜란드 의사들이 종두법을 일본에 전하면서 백신 접종에 성공했고 이후 급속히 일본 전역으로 확산되었다. 그때까지만 하더라도 일본에서 천연두는 하늘이 내린 벌이라고 생각했으며, 예방하거나 치료할 방법이 마땅히 없었다. 그런데 종두법이 일본에 전해지면서 천연두를 예방할 수 있다는 사실에 일본 사람들이 무척 놀랐으며 전국으로 종두법이 확산되면서 천연두 예방과 서양 의학에 대한 인식이 많이 바뀌었다.

이후 일본에서 우리나라로 종두법이 전해졌다. 1879년 지석영(池錫永,

18855~1935)은 부산에 있던 일본 해군병원에서 종두법을 배워 그해 겨울에 40여 명에게 종두를 시술한 것이 최초였다. 지석영은 1880년 일본으로 건너가 더욱 세밀하게 배운 뒤에 귀국하여 직극적으로 우두를 실시했고, 이후 우리나라에서도 종두법이 많이 시행되었다. 이처럼 천연두 백신이 세계 각국으로 퍼져나갔고 많은 사람이 접종함으로써 천연두 환자가 크게 감소했다.

☀ 백신 접종으로 종식된 천연두

WHO가 주도한 천연두 근절 계획의 핵심은 천연두 환자 발생을 예방하는 것이었다. 이를 위해 천연두 백신 예방 접종을 대대적으로 시행했다. 당시에 냉동 건조된 양질의 백신이 개발되어 대량생산이 가능했으며 이를 보급하여 세계 전역에 백신 접종 캠페인을 벌였다. 만약 어느 지역에 천연두 환자가 발생하면 그 지역의 모든 사람에게 빠짐없이 백신 접종을 시행했다. 심지어 이전에 백신을 접종받은 사람도 다시 백신 접종을 함으로써 천연두의 확산을 막았다.

천연두 백신 접종의 주된 목적은 몸속에 천연두에 저항하는 항체를 생기게 해서 천연두에 걸리지 않도록 하는 것이다. 그뿐만 아니라 비록 천연두에 감염되었더라도 초기에 천연두 백신을 접종하면 증상이 심해지는 것을 막아주는 효과가 있다. 따라서 천연두가 발생하지 않은 지역의 사람들에게 백신을 접종하는 한편, 천연두가 발생한 지역의 모든 사람에게 백신 접종을 시행함으로써 천연두가 그 지역을 벗어나 다른 지역으로 확산되는 것을 매우 효과적으로 막을 수 있었다. 특히 천연두를 일으키는 천연두바이러스는 사람만을 숙주로 삼기 때문에 백신 접종과 유행 지역의 격리와 방역 조치는 매우 효과적이었다. 이렇게 대대적으로 백신을 접종한 결과 세계 곳곳에서 천연두가 사라지기 시작했다.

⊛1969년 니제르에서 진행된 천연두 박멸을 위한 백신 접종 사진

WHO의 활동에 앞서 범미주보건기구(PAHO)는 1950년부터 천연두 박멸을 위한 사업을 펼쳤다. 이에 따라 북아메리카에서는 1952년에 천연두가 박멸되었고, 유럽에서는 1953년에 그리고 남아메리카에서는 1971년에 천연두가 박멸되었다. 그때까지 아시아에서는 천연두가 여전히 많이 발생했는데, 특히 인도에서 많은 환자가 발생했다. 1973년에 전 세계 천연두 환자의 57퍼센트 정도가 인도에서 발생했으며 1974년에는 86퍼센트로 증가했다. 그러나 WHO의 강력한 백신 접종 캠페인으로 인도를 포함한 아시아에서 1975년에 천연두가 박멸되었다. 마지막까지 천연두가 남아 있던 아프리카도 1977년에 박멸되어 전 세계에서 천연두가 완전히 사라지게 되었다.

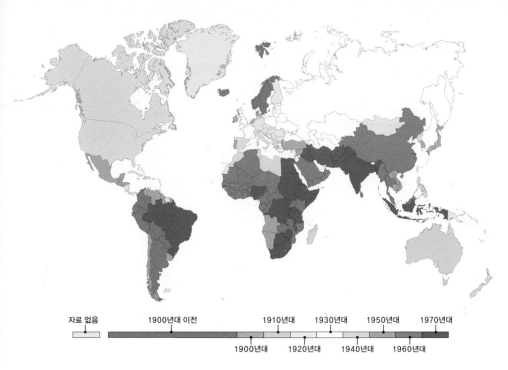

자료 없음　　　　1900년대 이전　　　　1910년대　　1930년대　　1950년대　　　1970년대

　　　　　　　　　　　　　　1900년대　　1920년대　　1940년대　　1960년대

🌐 전 세계 지역별 천연두 박멸 시기 현황

　천연두는 '바리올라 마요르(*Variola major*)'와 '바리올라 미노르(*Variola minor*)'라는 두 가지 바이러스가 원인이 되어 발생하는 감염병이다. 바리올라 마요르에 감염된 자연 발생 마지막 환자는 1975년 10월에 발병한 방글라데시의 라히마 바누라는 3세 아이였다. 바리올라 미노르에 의한 자연 발생 마지막 환자는 1977년 10월에 감염된 소말리아의 알리 마오 마아린이다. 마아린은 소말리아 메르카에 있는 병원의 요리사로 당시 천연두 환자들과 함께 차를 타고 이동하다가 감염되었다. 그러나 다행히 그는 격리 치료를 받고 건강이 회복되었다. 1978년, 천

연두에 걸려서 사망한 자넷 파커를 끝으로 더 이상 천연두 환자는 없었다. 드디어 1979년 12월 9일 세계 저명한 과학자들로 구성된 위원단이 천연두가 세계에서 박멸되었다는 것을 확인함으로써 천연두는 지구에서 박멸되었다. 이후 1980년 5월 세계보건총회는 천연두 종식을 공식적으로 선언했다. 이는 영국 의사 제너가 종두법이라는 천연두 백신을 개발한 지 200년도 걸리지 않아 이루어낸 성과였다.

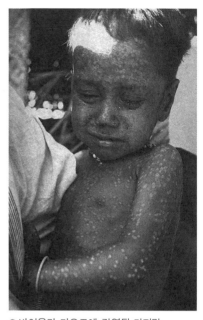

🔴 바이올라 마요르에 감염된 마지막 천연두 자연 감염자 방글라데시의 라히마바누(1975년)

　지금까지 인류가 박멸한 전염병은 딱 두 가지다. 하나는 1980년에 종식 선언된 천연두이고, 다른 하나는 2011년에 박멸된 우역이다. 우역은 소를 포함한 우제류에게 발생하는 병이다. 그러니까 사람에게 병을 일으키는 많은 감염병 중에 천연두만이 유일하게 사람의 노력으로 박멸되었다.

　이처럼 인류 역사상 매우 놀라운 성과를 거둔 WHO는 천연두 박멸 이후 다른 질병들을 박멸하기 위한 노력도 이어가고 있다. 천연두 다음 목표로 삼은 대상이 바로 홍역과 소아마비다. 소아마비는 전 세계에서 10개국 정도에서만 발생하고 그 외의 국가에서는 이미 박멸되었다고 하는데, 머지않아 소아마비도 지구상에서 사라져 역사의 기록으로만 남아 있는 병이 되기를 기대해본다.

☀ 천연두란 어떤 감염병일까

'호환마마(虎患媽媽)'라는 말이 있다. 호랑이에게 물려가는 것만큼이나 천연두에 걸리는 것이 무섭고 두렵다는 뜻의 옛말이다. 여기서 '호환(虎患)'은 호랑이에게 물려가는 것을 가리키고, '마마(媽媽)'는 천연두를 가리킨다.

우리나라에서는 예전에 천연두를 '마마'나 '두창(痘瘡)'이라고 불렀다. 또한 천연두를 '큰마마'나 '큰손님' 등으로도 불렀는데 '마마'나 '손님'은 원래 무속에서 사용하던 말이었다. 그러니까 무서운 질병 이름에 존경의 의미가 담긴 단어를 사용함으로써 병에 걸리지 않기를 바랐던 것이다. 옛날에는 단순히 무속신앙에서 용어만 빌려온 것이 아니라 천연두를 마마신이라는 무서운 귀신으로 믿었고, 굽신거리며 마마신이 빨리 나가기를 빌었다고 한다. 현재의 '천연두(天然痘)'라는 명칭은 일본식 한자어로 일제 강점기에 등장했다.

천연두는 영어로 'smallpox'다. 이 단어를 보면 그렇게 무서운 감염병 이름에 작다는 뜻의 'small'을 왜 붙였을까라는 의아한 생각이 든다. 여기에는 그럴만한 사연이 있다. 아주 먼 옛날 유럽에서는 천연두를 'pox'라고 불렀는데, 어느 날 크고 움푹 파인 자국을 남기는 감염병이 나타나 유럽인들을 두려움에 떨게 했다. 그것은 바로 유럽인들이 아메리카 대륙을 정복하면서 원주민에게 감염되어 유럽으로 가져온 매독이었다. 매독에 걸리면 성기에 크고 동그란 움푹 파인 자국이 생긴다. 그래서 15세기부터 매독을 'great pox'라고 불렀다. 이에 따라 매독보다 상대적으로 작은 크기의 자국을 남기는 천연두를 'smallpox'로 불렀다.

역사적으로 살펴보면 아주 오랫동안 천연두를 수두나 홍역 같은 질병과 구분하지 않고 같은 질병으로 취급했다. 피부에 발진이 생기는 여러 질병을 모두 천연두라고 생각했던 것이다. 10세기에 페르시아의 의사 자말리야가 천연두를 홍역과 구분해서 기록했다고 한다.

☀ 천연두의 원인 바이러스

앞에서 언급했듯이, 천연두는 '바리올라 마요르'와 '바리올라 미노르'라는 두 가지 바이러스에 감염되어 발병한다. '바리올라(Variola)'라는 바이러스 속명은 반점을 의미하는 '바리우스(varius)'에서 유래했다고 한다. 이처럼 원인 바이러스가 두 가지이기 때문에 둘 중에 어느 바이러스에 감염되느냐에 따라서 증상과 치사율이 다르다. 둘 중에 바리올라 마요르 바이러스에 감염되면 훨씬 더 증상이 심하고 치사율도 높아 위험하다. 반면 바리올라 미노르 바이러스에 감염되면 상대적으로 증상이 덜 심하다. 따라서 바리올라 미노르 바이러스에 감염된 천연두를 '소두창' 또는 '작은마마'라고 부르기도 했다.

천연두바이러스는 마치 벽돌처럼 생겼다. 이 바이러스는 길이가 약

300나노미터, 폭은 약 250나노미터다. 따라서 전자현미경으로 고배율로 확대해야 겨우 그 모습을 관찰할 수 있다.

이 바이러스는 안에 유전물질로 DNA가 있으며 186개의 게놈 염기쌍을 가지고 있다. 이 DNA에 있는 유전 정보를 이용해 사람 세포를 감염시켜 많은 천연두바이러스를 만들어낸다. 감염병 중에는 동물과 사람에게 모두 감염되는 인수공통감염병이 많지만, 특이

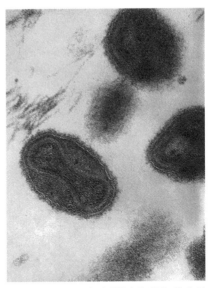

❀ 천연두바이러스의 전자현미경 사진. 안에 아령 모양으로 보이는 것에 DNA가 있다.

하게도 천연두바이러스는 사람에게만 감염된다. 이처럼 사람만 숙주로 삼는 바이러스의 특성으로 백신 접종과 방역을 통해 인류는 천연두를 박멸할 수 있었다.

☀ 천연두의 증상

중국에 '톈화(天花)'라는 말이 있는데 얼핏 '하늘의 꽃'이라는 뜻처럼 보이지만, 사실은 천연두에 걸려서 피부에 가득하게 발진과 수포가 생긴 것을 가리킨다.

천연두는 감염된 환자의 체액이나 환자가 사용한 물건에 있는 천연두바이러스가 다른 사람에게 옮겨져 발병한다. 천연두바이러스는 입이나 코 등의 점막을 통해 사람의 몸속으로 침투한다. 이렇게 우리 몸속 세포 안에 들어간 천연두바이러스는 12일 정도 지나면 많은 수로 증식되어 세포막을 뚫고 나와 혈액 속으로 배출된다. 그러니까 천연두바이러스에 감염되더라도 12일 정도의 잠복기를 거친 후에 본격적인 증상이 나타난다. 주요 증상은 발열, 두통, 발진, 심한 복통 등이다. 증상이 나타나고 며칠 동안 38도 이상의 고열, 두통과 근육통에 시달린다.

이후 일주일 정도 지나면 입과 혀 등에 붉고 작은 반점들이 생겨나는데, 이를 점막진이라 한다. 이렇게 몸의 부위에 반점이 생기는 점막진 증상 다음에, 천연두바이러스는 피부를 공격하여 반(斑)이라는 뾰루지를 온몸에 많이 만든다. 이후 이 뾰루지는 수포로 바뀌고 며칠 내에 다시 탁한 액체로 채워진 농포가 된다. 온몸에 가득 생긴 둥근 모양의 농포 속 액체가 서서히 줄어들면서 딱딱한 딱지로 바뀐다. 이후 열흘 정도 지나면 딱지가 떨어지고 움푹 파인 자국이 피부에 가득 남는다. 치사율이 높은 천연두에 다행히 목숨을 잃지 않고 살아남아도 이처럼 몸에 얽은 자국이 가득 남게 된다.

천연두는 증상에 따라 네 가지 유형으로 나뉜다. 보통 유형, 완화 유형, 악성 유형, 출혈 유형이다. 그중 악성 유형과 출혈 유형의 천연두가 치명적이다.

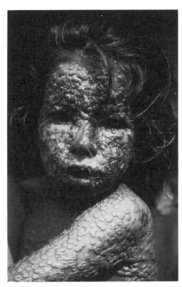

⊛보통 유형 천연두에 감염되어 온몸에 수
포가 가득한 방글라데시 어린이(1973년)

보통 유형 천연두의 치사율은 30퍼센트 정도인데, 얼굴을 비롯한 온몸의 피부에 농포가 생기고 이후에 낫는다 해도 움푹 파인 흉터가 남는다. 완화 유형 천연두는 보통 유형 천연두보다 증상이 덜하다. 피부 발진도 적고 치명적으로 위험한 증상으로 발전할 가능성도 매우 낮다.

악성 유형 천연두는 전체 천연두 환자의 5~10퍼센트를 차지하는데, 주로 어린아이에게 많이 발생한다. 악성 유형 천연두에 걸리면 며칠 동안 극심한 전구증상(어떤 질환의 증후가 나타나기 전에 일어나는 증상)이 나타나고 고열과 치명적인 독소혈증(세균의 독소가 혈액으로 들어가 온몸에 증상을 나타내는 병) 증세가 나타난다. 악성 유형 천연두는 특이하게 수포에 액체가 거의 없고 부드럽다. 악성 유형 천연두의 치사율은 90퍼센트 이상으로 대부분의 환자가 사망할 정도로 치명적이다. 악성 유형의 천연두 환자는 체액이나 전해액 등이 부족해져 매우 빠르게 패혈증이 진행되어 죽는다.

출혈 유형 천연두는 전체 천연두 환자의 2퍼센트 정도이며 대부분 성인이다. 출혈 유형 천연두는 피부·점막·소화관에 내출혈이 광범위하게 일어나는 위험한 유형이다. 출혈 유형 천연두는 발진이 생긴 후 수포가 만들어지지 않고 부드럽지만, 피부 밑에서 출혈이 일어나 검은색으로 변해간다. 출혈 유형 천연두에 감염된 후 일주일 정도에 이르면 피부에 출혈과 발진을 남기고 심장의 기능이 떨어져 심부전으로 갑자기 죽는다. 출혈 유형 천연두의 치사율은 거의 100퍼센트다.

☀ 천연두 환자의 진단과 치료

환자가 발생하면 옛날에는 증상을 보고 천연두에 감염되었는지 아니면 다른 질병인지 판단했다. 앞에서 설명한 것처럼 천연두바이러스에 감염되면 시간이 지남에 따라 여러 특징적인 증상이 나타나기 때문에 이를 통해 천연두에 감염되었는지의 여부를 알 수 있다. 요즘은 이러한 증상뿐만 아니라 천연두바이러스의 존재를 유전자 분석 기술로 찾아서 감염 여부를 확인한다. 이러한 유전자 분석 기술은 천연두를 비롯한 여러 감염병의 진단 검사에 사용되고 있다.

천연두의 원인 바이러스에 대한 표적 치료제인 항바이러스제가 최근에야 개발되었다. 2018년 FDA의 허가를 받은 천연두 치료제는 티폭스(TPOXX 또는 테코비리마트)다. 이처럼 세계 최초로 천연두 치료제가 개발되어 허가를 받았지만 정작 치료제를 투여하여 치료할 천연두 환자가 없어서 직접 치료에 사용된 적은 없다. 이 천연두 치료제는 천연두 종식이 선언된 후 개발되었기 때문이다. 더 이상 자연적으로 천연두 환자가 발생하지 않았는데도 천연두 치료제를 개발한 이유는 바로 천연두가 생물무기로 사용될 수 있는 위협 때문인데, 이에 대해서는 '생물무기' 장에서 자세히 살펴보기로 한다.

☀ 천연두의 기원, 언제부터 있었을까

최근에 발생한 신종 감염병들의 기원은 분명하다. 예를 들어, 사스는 중국에서, 메르스는 중동에서, 스페인독감은 미국에서 처음 발생하여 세계 여러 나라로 확산된 것으로 밝혀졌다. 그런데 수천 년 이상 인류를 위협한 천연두가 언제 어디에서 처음 발생했는지 그 기원을 밝혀내는 것은 쉽지 않다.

천연두 기원에 관한 주장 가운데 가장 오랜 연대를 주장하는 설은 1만 6000년 전 설치류 바이러스가 변이를 일으켜서 생겨났다는 주장이다. 좀 더 분명한 증거가 있고 과학적인 조사 연구가 진행된 것을 바탕으로, 최소한 이집트 시대부터 천연두가 존재했다는 것을 알 수 있다. 이집트에서 천연두가 발생했다고 단정적으로 말할 수 있는 이유는, 이집트의 파라오 람세스 5세 미라에 천연두 감염 증거가 남아 있기 때문이다. 람세스 5세 미라의 피부에서 농포성 발진의 흔적들이 발견되었던 것이다. 람세스 5세는 기

☺ 미라에 천연두 감염 증거가 남아 있는 이집트의 파라오 람세스 5세

원전 1143년경에 사망했는데, 이는 천연두에 관한 가장 오래된 증거다.

그 밖에도 이집트 시대의 또 다른 미라 세 구에서 천연두와 유사한 증상이 발견되었다. 당시의 최고 권력자였던 파라오가 천연두에 감염되었다면 귀족과 백성도 천연두에 많이 감염되었을 것으로 유추해볼 수 있다. 앞에서 설명한 것처럼 아주 오랜 옛날에는 천연두를 유사한 증상의 다른 질병들과 제대로 구별하지 못했기 때문에 천연두에 대한 증거와 자료들이 많이 남아 있지 않다.

천연두와 관련한 가장 오래된 문헌 기록은 기원전 15세기의 고대 인도 문헌과 기원전 4세기의 고대 중국 문헌이다. 이 문헌들에는 천연두 증상과 같은 내용이 기록되어 있다. 그리고 7세기에 쓴 인도의 문헌과 10세기에 쓴 아시아의 다른 문헌에도 천연두에 대한 기록이 있다. 또한 천연두에 대한 오래된 증거는 여러 나라의 민간 신앙과 종교에 남아 있다. 중국에서는 두진낭랑(痘疹娘娘)이라는 천연두 여신을 숭배했으며 하층민은 이 여신의 자비를 구하고자 무척 애썼다. 인도에서도 힌두교의 여신 시탈라가 천연두를 예방하고 치료한다고 믿어 사원을 세워 이 여신을 숭배했다.

☀ 천연두의 확산, 어떻게 세계로 퍼져나갔을까

천연두가 발생 초기부터 근대에 이르기까지 어떻게 확산되었는지, 미국 질병통제예방센터 등의 자료를 종합하면 다음과 같다.

천연두는 3,000여 년 전 이집트에서 발생한 이후 기원전 1000여 년 무렵에 이집트에서 인도로 전파되었고, 기원전 1세기경에 인도에서 중국으로 전파되었을 것으로 추측된다. 그리고 6세기에 중국과 교역이 활발했던 우리나라에 천연두가 전해지고 이후 일본으로까지 확산되었다.

4~6세기에 이집트에서 유럽으로 천연두가 전해졌으며, 7세기에는 아랍에 의해 북아프리카, 스페인, 포르투갈 등지로 널리 확산되었다. 15세기에는 포르투갈에 의해 천연두가 서아프리카로 확산되었고, 유럽인들에 의해 아메리카 대륙으로 전해졌다. 16세기에는 유럽의 식민지화에 의해 중앙아프리카와 남아프리카에까지 천연두가 확산되었다. 18세기에는 영국이 호주에 천연두를 확산시켰다. 이후 18세기 중반부터는 전 세계 대부분의 지역에 천연두가 확산되어 풍토병으로 자리를 잡았다.

이처럼 천연두가 전 세계로 퍼져나가는 가운데 천연두로 인한 참사가 곳곳에서 벌어졌다. 일본에는 6세기에 천연두가 전해졌는데 735~737년 동안 천연두로 인해 당시 인구의 3분의 1이 사망한 것으로 추정되고 있다. 그리고 15세기에 아메리카 대륙에 전파된 천연두에 의해 원주민이 속수무책으로 죽어갔다. 당시 북아메리카 원주민의 천연두 치사율은 무려 80~90퍼센트나 되었다. 또한 18세기 유럽에서는 매년 40만 명이 천연두로 사망했다. 심지어 과학이 상당히 발달한 20세기에도 전 세계에서 3억 명 정도가 천연두에 감염되어 사망했다. 이외에도 천연두 유행으로 많은 사람이 죽었다는 역사적 기록들이 많이 남아 있다.

☀ 삼국시대에서 조선시대까지 창궐한 천연두

천연두가 우리나라에 처음 들어온 시기는 삼국시대로 추정된다. 중국 랴오둥반도나 산둥 지방으로부터 우리나라에 천연두가 전해진 것으로 추정된다. 『삼국사기』에 "신라 선덕왕과 문성왕이 역진에 걸려 훙하다"는 기록이 있는데, 이 역진이 두창, 즉 천연두로 추정된다. 고려시대에 간행된 의서인 『향약구급방鄕藥救急方』에는 '완두창(豌豆瘡)'이라는 병에 대해 기록하고 있는데, 천연두에 관한 우리나라의 가장 오래된 기록으로 평가받는다.

조선시대에도 홍역과 천연두 등 여러 감염병이 창궐했다는 기록이 많이 남아 있다. 코로나19 대유행 상황에서 2020년 5월 국립중앙박물관은 〈조선, 역병에 맞서다〉라는 테마전을 진행했다. 조선시대에 가장 무서웠던 세 가지 감염병은 온역, 홍역, 두창이었다. 온역은 쥐와 벼룩을 매개체로 하는 티푸스성 감염병이고, 두창은 천연두다.

특히 정조 연간에는 국가적 차원에서 질병 분석을 진행하여 그 당시까지만 해도 증상이 비슷하여 혼동을 일으켰던 홍역과 천연두를 구별하게 되었다. 당시 홍역은 마진(麻疹)으로 부르고, 천연두는 마마(媽媽)로 불렀다. 또한 정조의 명으로 어의 강명길이 여러 질병을 분석한 조사 결과를 정리하여 『제중신편濟衆新編』이라는 종합 의서를 편찬했다. 이 의서에는 천연두를 비롯한 여러 감염병의 증상이 자세히 기록되어 있다.

조선시대에는 무서운 감염병이 발생했을 경우를 대비한 질병 관리

지침서가 있었다. 1613년 허준은 광해군의 명을 받아 『신찬벽온방新纂
辟瘟方』이라는 의서를 편찬했는데, 1612년부터 10년 동안 창궐했던 온
역의 증상과 감염 예방을 위한 수칙 등을 담아 백성에게 배포할 목적
으로 편찬한 지침서다. 또한 허준이 역사적 인물이 될 수 있었던 배경
에 천연두가 있었다. 허준은 광해군이 천연두에 감염되어 죽을 고비를
넘나들 때 그를 살려냈다. 이 일로 선조의 총애를 받았으며 이후 『동의
보감東醫寶鑑』이라는 역사적 의서를 남기게 되었다.

숙종의 왕비 인경왕후 김씨는 천연두에 감염되어 1680년에 사망했
다. 또한 정조의 정비 효의왕후는 어렸을 때 천연두에 걸렸다가 나았지
만 자국이 남았고, 세손빈으로 간택되어 국혼을 위해 궁에 들어와 있
을 때 순하게 천연두를 앓았다고 한다. 그리고 조선 영조 때의 공신 오
명항의 초상화를 보면 그의 얼굴에 천연두에 감염되었던 자국이 있다.
조선시대에는 초상화를 그릴 때 있는 그대로 사실적으로 그렸기 때문
에 그의 얼굴의 얽은 자국까지 그려넣은 것이다.

이처럼 조선시대 왕족과 관료들이 천연두에 감염되었다면 일반 백성
은 훨씬 더 많이 감염되었을 것이라고 추측해볼 수 있다. 정확히 천연
두에 대한 기록은 아니지만, 숙종 14년(1688)에 강양도(강원도)에 괴질이
발생하여 1,200명이 사망했다 하고, 영조 22년(1746)에 21개 마을에 역
병이 발생하여 949명이 사망했다고 한다. 『조선왕조실록』에는 전염병
에 대한 기록이 1,052건이 있고 역병에 대한 기록도 728건이나 되며 괴
질에 대한 기록이 73건이 나온다.

2019년 11월 안동의 한 고택에서 마마(천연두)를 전문적으로 다룬 의서 『보적신방保赤神方』이 발견되어 관심을 끌었다. 이 의서는 1806년에 저술된 것으로 추정되는데 마마의 증상과 해독법이 자세히 적혀 있다.

조선시대에 천연두 예방법이 우리나라로 전해졌다. 천연두의 예방법으로는 중국에서 개발한 인두법(人痘法)과 영국에서 개발한 종두법(種痘法)이 있다. 인두법은 천연두에 감염된 환자의 고름이나 딱지 등을 가져와 피부에 상처를 내고 문지르거나 코로 흡입해서 면역력이 생기게

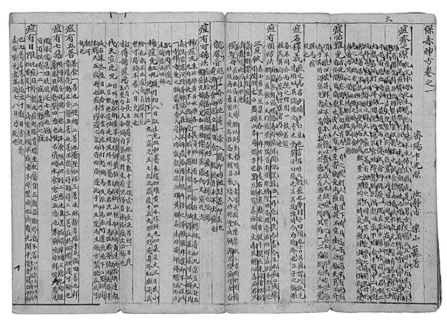

◉변광원이 천연두의 원인과 이름, 예방법 등을 저술한 『보적신방』(출처: 한국국학진흥원)

하는 방법이다. 종두법은 영국의 의사 제너가 개발한 것으로 사람에게 소의 우두바이러스가 들어 있는 물질을 주입하여 면역력이 생기게 하는 백신 접종 방법이다.

조선시대에 인두법은 정약용이 먼저 도입해 사용했다. 정약용은 의서 『마과회통麻科會通』에 인두법과 종두법의 내용을 담아 편찬했다. 이처럼 영국의 제너가 개발한 종두법을 우리나라에 처음 소개한 사람은 정약용이다. 그러나 당시 종두법이 배척을 받아 널리 사용되지는 못했다.

이후 종두법에 대해 좀 더 자세한 것을 지석영이 일본에서 배워 1880년부터 전격적으로 시행함으로써 점차 널리 사용되었다. 1885년 지석영은 『우두신설牛痘新說』을 펴냈으며, 광제원에서 예방 접종을 본격적으로 시행했다. 이로써 사람들이 천연두를 예방할 수 있었고 천연두 환자가 많이 감소했다. 그렇지만 천연두를 박멸하지는 못했으며 이후에도 많은 환자가 발생했다.

1946년에 천연두가 유행하여 4,000명 이상의 사망자가 발생했으며, 한국전쟁 중인 1951년에 천연두가 유행하여 4만 명이 감염되고 1만 1530명이 사망했다. 이후에 천연두 백신 접종이 지속적으로 이루어져 천연두가 크게 줄어들었으며, 1954년에 10명, 1960년에 3명의 환자가 발생한 후 더 이상 우리나라에서 천연두 환자는 발생하지 않았다.

☀ 17세기 미라의 천연두바이러스 DNA 연구

요즘에는 DNA 분석 기술이 매우 발달하여 수백 년 또는 그보다 더 오래전에 죽은 사람의 몸에서 DNA를 뽑아 유전자 분석을 할 수 있다.

2016년 캐나다 맥마스터 대학교의 헨드릭 포이너 교수팀은 리투아니아에서 발견된 300년이나 된 미라에서 천연두바이러스를 채취하여 유전자 분석 결과를 발표했다.[1] 이 연구팀은 17세기에 죽은 소녀의 미라에서 채취한 천연두바이러스 DNA의 염기 서열을 완벽하게 읽어내는 데 성공한 후 17세기 천연두바이러스와 현대의 천연두바이러스를 비교 분석했다.

그 결과 천연두바이러스가 사람들 사이에서 처음으로 유행하기 시작한 시기는 1588~1645년이라고 추정했다. 즉, 16세기 이전에 유행했던 감염병은 천연두가 아니라 수두나 홍역 같은 다른 감염병일 것이라고 추정한 것이다. 이 연구 결과가 발표되자 많은 사람들이 깜짝 놀랐다. 왜냐하면 기존에 알려지기로는 이집트 람세스 5세가 천연두를 앓았던 자국이 미라에 남아 있고 중국과 인도의 고대 문헌에도 천연두 증상과 유사한 기록이 남아 있기 때문에 천연두는 3,000년 전에 발생하여 세계 전역으로 퍼졌을 것으로 생각했기 때문이다. 그런데 이 연구팀은 천연두바이러스 DNA 연구 결과를 바탕으로 천연두가 16세기 후반을 거쳐 17세기에 처음 발생하여 유행했을 것이라고 주장한 것이다. 이처럼 가끔 과학 연구 결과는 기존의 생각과 유력한 주장을 뒤흔들어 놓기도 한다.

☀ 바이킹 시대의 천연두 존재를 밝혀낸 DNA 연구

2020년 7월 영국 케임브리지 대학교 등 국제 공동 연구팀이 바이킹 시대의 천연두바이러스 유전체를 재구성한 연구 결과를 〈사이언스〉에 발표했다.[2] 이 연구팀은 천연두가 16세기 후반에 처음 발생한 것이 아니라 그보다 훨씬 더 앞선 바이킹 시대에 이미 존재했다는 연구 결과를 내놓았다. 시간 연대로 보면, 천연두의 발생 기원 시점을 과거로 1,000년이나 옮겨놓은 DNA 연구 결과가 발표된 것이다.

유럽의 바이킹 시대는 793~1066년에 해당하는 시기다. 이 연구팀은 3만 2000년 전에서 150년 전까지의 시기에 유라시아와 아메리카 대륙에 살았던 1,867명 사람들의 뼈와 치아에서 DNA를 추출하여 분석했는데, 놀랍게도 북유럽 바이킹 시대에 살았던 11명의 유해에서 천연

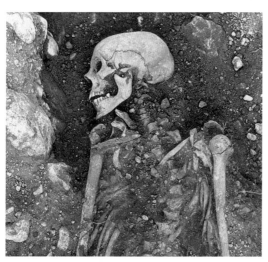

● 스웨덴 윌란드(Öland)에서 발견된 천연두에 감염된 1200년 된 바이킹 유해(©The Swedish National Heritage Board)

두바이러스를 발견했다. 이 유해들은 당시 바이킹이 누비고 다녔던 덴마크, 스웨덴, 노르웨이, 영국 등에서 발견되었다. 이 연구팀은 바이킹 4명의 유해에서 추출한 유전자들을 모아서 천연두바이러스 게놈을 만들고, 이를 통해 바이킹 시대에 이미 천연두가 널리 퍼졌다는 사실을 밝혀냈다. 이 연구팀의 에스케 빌레르슬레우는 바이킹이 배로 여러 지역을 다니면서 천연두를 퍼뜨렸을 가능성이 크다고 말했다.

이 연구팀은 단순히 바이킹 시대의 유해에서 천연두바이러스의 존재를 밝혀낸 것을 넘어서 그 당시의 천연두바이러스가 현대의 바이러스와 다르다는 것도 밝혀냈다. 이 연구에 참여한 룬드백재단 지구유전학센터의 라스 비너는 천연두의 초기 버전은 유전적으로 수두 가계도의 낙타두창(Camelpox)과 설치류의 모래쥐두창(Taterapox) 같은 동물 수두바이러스에 더 가깝다고 설명했다.

이와 같은 천연두바이러스 DNA 연구가 좀 더 진행되면 천연두바이러스의 발생 기원을 밝힐 수 있을 것으로 기대된다.

에볼라바이러스병
계속 반복되는 아프리카의 참사

2020년 5월 중순에 에볼라바이러스를 최초로 발견한 과학자가 코로나19에 감염되었다는 뉴스가 들려왔다. 영국 런던위생열대의학대학원 원장인 피터 피오트는 에볼라바이러스를 최초로 발견했으며 40년 동안이나 감염병을 연구해온 과학자다. 그런 그도 코로나19를 피하지 못했다.

2020년 7월 15일 질병관리본부 권준욱 부본부장은 코로나19 정례 브리핑에서 코로나19의 발생 상황을 설명하면서 아프리카 콩고민주공화국에서 에볼라바이러스병으로 환자 41명과 사망자 17명이 발생했다는 말도 덧붙였다. 아프리카의 여러 지역에서 에볼라바이러스병이 반복적으로 발생하는 이유는 무엇일까?

☀ 영화 〈아웃브레이크〉 속 감염병

무시무시한 바이러스가 감염병을 일으킨 사건을 생생하게 그려낸 영화 〈아웃브레이크Outbreak〉는 바이러스 감염병이 얼마나 무서운지를 보여준다.[1] 영화의 줄거리는 이렇다.

1967년 아프리카 자이르의 모타바 계곡에 주둔한 캠프에 의문의 병으로 군인들이 죽어가는 일이 발생했다. 이에 미국에 긴급 지원을 요청하지만, 도착한 미군은 신종 감염병에 의해 사람들이 참혹하게 죽어가는 현장을 목격하자 그들을 구해주기는커녕 혈액 샘플만 채취한 후 이 캠프에 폭탄을 투하해 모두 몰살시켜버렸다. 이렇게 그 일은 덮였고 시간이 흘러 30년이 지났다.

자이르에 출혈열 감염병이 발생해 감염자가 모두 죽자 다시 미국에 지원을 요청한다. 이에 미국 전염병 예방 및 통제센터 닥터 샘 다니엘즈 육군 대령 등이 자이르로 파견되어 조사에 들어간다. 샘 일행이 열대 정글 지역을 조사하던 중 에볼라바이러스보다 무서운 100퍼센트 치사율의 바이러스가 휩쓸어버린 마을을 발견한다. 그런데 이 무서운 바이러스가 미국으로 옮겨가 확산되는 일이 발생한다. 이 바이러스의 숙주인 원숭이가 바이러스를 잔뜩 품은 채로 미국으로 수입되었던 것이다.

이 영화는 이처럼 무서운 바이러스를 직접적으로 에볼라바이러스라고 말하지는 않지만 묘사되는 상황이나 특징들을 보면 에볼라바이러스와 많이 닮아 있다. 이 영화처럼 에볼라바이러스병을 소재로 다룬 소설이나 영화가 흥행하곤 했다. 이렇게 위험한 바이러스가 무서운 감염병을 일으켜 많은 사람들이 목숨을 잃는 대참사가 영화 속 이야기로 끝나면 좋겠지만 에볼라바이러스병은 아프리카 여러 나라에서 여전히 종종 발생하고 있다.

☀ 에볼라바이러스병이란

이 감염병은 예전에 '에볼라출혈열'이라고 불렀다. 이름만 들어도 혈관이 파괴되고 피를 쏟으며 처참하게 죽는 모습이 연상된다. 그러나 실제로 혈관이 파괴되어 피를 쏟으며 죽어가는 환자는 드물게 발생하며 다발성 장기부전이나 다른 증상으로 사망한다. 그래서 이 감염병을 '에

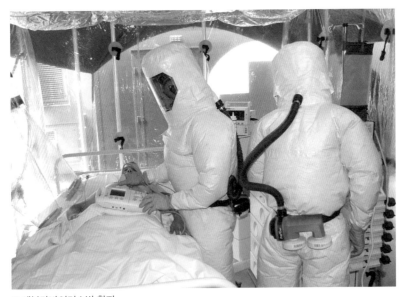

❀ 에볼라바이러스병 환자

볼라출혈열'이라고 하지 않고 '에볼라바이러스병'이라고 부른다. 곧 에볼라바이러스의 감염으로 발생하기 때문이다.

천연두는 수천 년 이상이나 오래되었지만 에볼라바이러스병이 처음 나타난 것은 그리 오래되지 않았다. 1976년 자이르(현재 콩고민주공화국)의 얌부쿠 지역과 수단의 은자라 지역에서 거의 같은 시기에 에볼라바이러스병이 첫 출현했다. 첫 감염자로 알려진 마말로 로칼라는 고열이 발생한 후 증상이 점점 심해져 두통과 호흡곤란 및 심한 구토와 혈변 등이 나타나더니 입과 직장에서 출혈이 일어나 결국 사망했다. 이후 그 지역에서 비슷한 증상을 보이는 여러 환자가 발생했다.

초창기에 에볼라바이러스병을 연구하던 과학자들이 이 감염병의 원인 바이러스를 찾아낸 후 바이러스의 이름을 짓기 위해 고민했다. 이 감염병이 발생한 지역 이름을 그대로 쓸 수 없어 적당한 이름을 찾다기 발생 지역 근처에 있는 강 이름을 따와 '에볼라바이러스'라고 명명했다고 한다. 이렇게 해서 에볼라바이러스병이라고 불리게 되었다.

에볼라바이러스병은 에볼라바이러스의 감염으로 발생하는 치사율이 매우 높은 급성열성 감염병이다. 이 감염병은 감염된 사람의 침, 땀, 구토물, 배설물, 오줌, 혈액, 정액, 모유 등을 통해 전염되기 때문에 이와 같은 체액과 분비물의 직접적인 접촉을 피해야 한다. 따라서 감염된 환자를 격리시켜서 환자의 체액이나 분비물이 다른 사람에게 접촉되지 않게 막는 것이 감염 확산 방지에 아주 중요하다. 또한 에볼라바이러스는 감염된 환자의 증상이 발현된 후 61일까지 혈액과 여러 분비물에서 검출된다.[2] 따라서 이 기간에는 에볼라 환자의 혈액이나 분비물이 다른 사람과 접촉하여 전염되지 않도록 주의해야 한다.

에볼라바이러스병은 1976년 처음 발생했던 콩고민주공화국에서 당시 사망자는 280명이라고 WHO에서 밝혔다. 이후 1995년 콩고민주공화국에서 254명, 2000년 우간다에서 224명, 2007년 콩고민주공화국에서 187명의 사망자가 발생했다. 주로 이 감염병은 콩고민주공화국, 라이베리아, 시에라리온, 기니 등 아프리카의 여러 지역에서 반복해서 발생하고 있다. 이처럼 주로 아프리카 지역에서 발생하고 있어 우리나라에서 발생할 가능성은 높지 않다. 하지만 우리나라에서도 제1급 감염병*으로 관리하고 있다.

☀ 에볼라바이러스병의 증상

에볼라바이러스병은 에볼라바이러스가 사람 몸속으로 침투하여 감염됨으로써 발병한다. 에볼라바이러스는 사람 몸의 점막 부위를 통해 몸속으로 침투한 후 증상이 나타나기 전까지 일정 기간의 잠복기를 가진다. 이 잠복기는 보통 10일 정도로 경우에 따라서는 2~20일로 일정하지 않다. 잠복기가 끝나면 본격적으로 고열과 심한 두통 및 구토와 근육통 등의 증상이 나타난다. 이후 설사와 기침이 발생하며 온몸이 아프고 힘이 없어지고 간이나 콩팥의 기능이 떨어진다. 증상이 나타나고 일주일 정도 되면 반구진 피부 발진이 나타나 피부가 벗겨진

---

* 「감염병의 예방 및 관리에 관한 법률」 제2조

152

다. 이후 증상이 더 심해져 내출혈과 외출혈이 발생하여 사망하기도 하고 증세가 호전되어 낫기도 한다. 그러나 에볼라바이러스병에 걸려 죽는 환자 중에 피를 많이 흘리며 죽는 환자는 많지 않고 출혈 전에 다발성 장기부전*이나 파종성 혈관 내 응고** 등 다른 증상으로 사망한다.

영국 툴레인 대학교의 존 시펠린 연구팀이 시에라리온의 에볼라 환자 증상에 대해 조사한 내용은 다음과 같다.[3] 에볼라바이러스에 노출된 지 8~12일이 지나서 갑작스러운 열(89퍼센트), 두통(80퍼센트), 무력감(66퍼센트), 현기증(60퍼센트), 설사(51퍼센트), 복통(40퍼센트), 후두염(34퍼센트), 구토(34퍼센트), 결막염(31퍼센트) 등이 나타났다.

☀ 에볼라바이러스 검사는 어떻게 할까

이 감염병의 진단·검사 방법에는 몇 가지 있다. 먼저 에볼라바이러스에 감염되었을 때 나타나는 환자의 증상으로 확인할 수 있다. 발열이나 근육통 등과 같은 초기 증상은 말라리아나 장티푸스의 증상과 비슷해 증상만으로 어느 병에 걸렸는지 구별하기 어렵다. 그리고 우리나라처럼 에볼라바이러스병이 발생하지 않는 지역에서 의심 환자가 발생하면 에볼라바이러스병이 유행하는 아프리카 나라에 방문한 적이 있는지에 관한 여행력 확인도 중요하다. 그렇지만 가장 확실하게 에

---

* 몸속 여러 장기가 제 기능을 하지 못하고 멈추거나 둔해지는 증상
** 감염, 악성 종양, 심한 외상과 출혈 등으로 손상된 조직이 혈액과 반응하는 과정에서 피를 응고시키는 인자들이 줄어들어 지혈 작용이 정상적으로 일어나지 못하는 증상

볼라바이러스병에 감염되었는지 여부를 확인하려면 환자의 혈액·혈변·소변·조직 등에서 시료를 채취해 에볼라바이러스가 존재하는지의 여부를 분석하는 것이다.

이 감염병의 진단 방법은 감염이 의심되는 사람의 혈액을 채취해 혈액 속에 에볼라바이러스가 있는지를 분석하거나 에볼라바이러스에 감염되었을 때 생기는 항체가 있는지를 분석해 에볼라바이러스에 감염되었는지를 판단한다.[4] 이러한 진단 검사법은 감염된 시기에 따라 다른 방법을 쓸 수 있다.

감염된 초기에는 몸속에 바이러스의 양이 많지 않고 바이러스의 침입으로 인한 항체가 만들어지기 전이므로 바이러스의 존재 유무를 매우 정확하게 알 수 있는 유전자 분석법을 사용한다. 이 유전자 분석법은 PCR* 방법이라고도 하는데, PCR은 유전자를 많은 양으로 증폭시키는 반응을 일컫는다. 그러니까 만약 검사받는 사람의 혈액에 에볼라바이러스가 있다면 에볼라바이러스의 유전자가 많이 증폭될 것이므로 이를 통해 에볼라바이러스에 감염되었는지 여부를 알 수 있다.

이 감염병을 검사하는 또 다른 방법은 항체를 검사하는 것이다. 에볼라바이러스가 사람 몸속으로 침투하면 이에 저항하여 몸속에서 항체(IgM과 IgG)를 만들어낸다. 따라서 검사받는 사람의 혈액 속에 이 항체가 있는지 조사하면 에볼라바이러스에 감염되었는지를 알 수 있다.

* Polymerase chain reaction

또 다른 검사 방법으로는 항원 검출(ELISA)* 방법이나 바이러스 배양 방법 등이 있다.

WHO는 다음과 같은 네 가지의 에볼라 진단 제품을 승인했다. 첫 번째는 독일의 알토나 디아그노스틱이 만든 리얼스타(RealStar) 키트다. 이 진단 키트는 검체 혈액에서 필로바이러스(Filovirus)의 RNA를 유전자 분석(RT-PCR)으로 검출하는 방식으로 에볼라 진단·검사를 한다. 두 번째는 미국의 코르제닉스가 만든 리에보브(ReEBOV) 항원 신속 검사 키트다. 이 진단 키트는 에볼라바이러스의 기질단백질(VP40)을 검출하는 면역 크로마토그래피 항원 검사를 함으로써 에볼라바이러스 진단·검사를 한다. 세 번째는 중국의 상하이 ZJ바이오텍이 만든 라이프리버(Liferiver) 키트다. 이 진단 키트는 유전자 분석 방법으로 에볼라바이러스를 진단·검사한다. 네 번째는 스웨덴의 세페이드가 만든 엑스퍼트(Xpert) 카트리지다. 이 진단 카트리지에는 검사를 위한 시약이 모두 들어 있으며 유전자 분석 방법으로 에볼라바이러스를 진단·검사한다. 이 제품은 카트리지에서 바이러스의 유전자를 추출하고 증폭하는 반응을 진행하기 때문에 오염을 방지할 수 있는 장점이 있다.

여러 가지 방법 중에서 에볼라바이러스의 진단·검사에서는 가장 정확한 결과를 유전자 분석법을 많이 이용한다. 그러나 이러한 유전자 분석법은 검사받는 사람에게서 시료를 채취하고 바이러스의 유전자를

---

* ELISA는 Enzyme-linked immunosorbent assay의 약자로, 항체나 항원에 효소를 이식하여 효소의 활성을 측정하여 항원-항체 반응의 강도와 그 양을 정량적으로 측정하는 방식이다. 효소결합 면역 흡착검사라고도 한다.

증폭하고 검출하는 과정에서 전문화된 실험을 진행할 수 있는 숙련자가 필요하며 유전자를 증폭하고 분석·검출할 수 있는 고가의 장비가 필요하다.

그러나 에볼라바이러스병이 많이 발생하는 아프리카의 현지 상황은 매우 열악하다. 숙련된 인력과 고가의 장비를 갖추기 어려울 뿐만 아니라 전기 시설을 제대로 갖추지 않은 곳이 많다. 또한 에볼라바이러스는 매우 위험한 바이러스이기 때문에 일반 실험실에서는 실험을 할 수 없다. 아무런 안전 장치를 갖추지 않은 일반 실험실에서 에볼라바이러스에 감염된 환자의 혈액이나 에볼라바이러스가 포함된 시료를 이용해 실험한다면 자칫 실험하는 사람이 감염되는 위험한 일이 벌어질 수 있다. 따라서 에볼라바이러스를 다루는 실험은 생물안전등급 4등급(Biosafety Level 4) 시설을 갖추고 실험해야 한다.

그렇지만 에볼라바이러스병 감염에 대한 검사를 위해서 반드시 생물안전등급 4등급 실험실이 필요한 것은 아니다. 현실적으로 아프리카의 열악한 상황에서 이렇게 안전한 최고급 시설을 갖추기가 어렵다. 따라서 에볼라바이러스병 진단·검사도 아프리카 현지 사정에 맞춰서 간단하게 테스트 할 수 있는 방법이 필요하다. 이를 위해서 에볼라바이러스 신속 진단 키트가 많이 사용된다.

☀ 다섯 가지 유형의 에볼라바이러스

에볼라바이러스병은 필로바이러스과 에볼라바이러스속에 속하는 다섯 가지 바이러스가 원인이 되어 발병한다. 이 에볼라바이러스는 전자현미경으로 보면 마치 가느다란 실을 몇 가닥 늘어뜨린 것 같다. 이 바이러스는 길이가 약 14마이크로미터이고 지름은 0.06~0.08마이크로미터다.

에볼라바이러스의 다섯 가지 아형은 자이르형 에볼라(EBOV-Z), 수단형 에볼라(EBOV-S), 레스턴형 에볼라(EBOV-R), 코트디부아르형 에볼라(EBOV-TF), 분디부교형 에볼라(EBOV-B)다.

첫째, 자이르형 에볼라바이러스(EBOV-Z)는 가장 처음 발생했으며 가장 유명하다. EBOV-Z는 1976년 8월 자이르의 얌부크 지역에서 처음 발생했다. 이후 수차례에 걸쳐 유행을 일으키고 있는데 2019년과 2020년 콩고민주공화국에서 발생한 에볼라도 이 유형이다. 평균 치사율은 무려 80퍼센트 정도다.

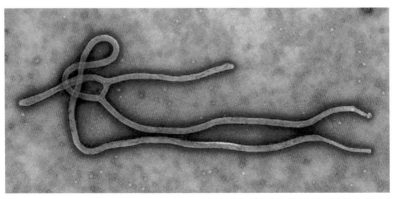

❀ 실처럼 생긴 에볼라바이러스의 전자현미경 사진

둘째, 수단형 에볼라바이러스(EBOV-S)는 1976년에 발견되었다. EBOV-S의 첫 감염자는 수단의 공장 노동자였으며 그는 이 바이러스를 가지고 있던 숙주 동물로부터 감염된 것으로 추정된다. 평균 치사율은 50퍼센트 정도다.

셋째, 레스턴형 에볼라바이러스(EBOV-R)는 1989년 11월에 발생했는데, 그 원인은 필리핀에서 미국 버지니아주 레스턴으로 수입되었던 100여 마리의 게잡이원숭이였다. 당시 레스턴에서 원숭이 조련사 6명이 감염되었다. 그러나 EBOV-R은 영장류에게 치명적이지만 사람에게는 비병원성이라 조련사들에게 특별한 증상이 나타나지 않았다.

넷째, 코트디부아르형 에볼라바이러스(EBOV-TF)는 1994년 11월 서아프리카의 코트디부아르에서 발생했다. 당시 코트디부아르의 타이포레스트 국립공원에서 에볼라에 감염된 침팬지 두 마리가 사망했다. 이 죽은 침팬지를 부검하던 사람 한 명도 감염되었다. 그러나 다행히 그때 에볼라에 감염된 사람은 몇 주 동안 치료를 받고 회복되었다.

다섯째, 분디부교형 에볼라바이러스(EBOV-B)는 2007년 11월 우간다의 분디부교에서 발견되었다. EBOV-B는 EBOV-TF에 가까운 변종 바이러스다. 2007년에 발생한 EBOV-B로 119명이 감염되었고 그중 35명이 사망했다. 또한 2012년 콩고민주공화국에서 발생한 EBOV-B로 감염자 52명, 25명이 사망했다.

최근 다른 종류의 바이러스가 중국에서 발견되었다는 보고가 나왔다.[5] 듀크-싱가포르국립대학 의과대학 등 공동 연구팀이 중국의 과일

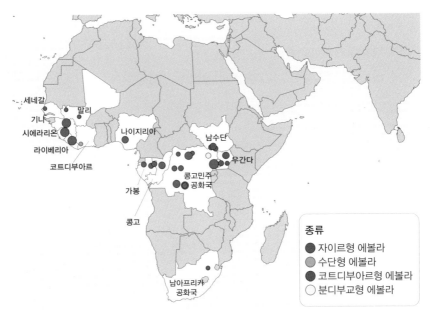

세네갈
말리
기니
시에라리온
라이베리아
코트디부아르
나이지리아
남수단
우간다
콩고민주
공화국
가봉
콩고
남아프리카
공화국

종류
● 자이르형 에볼라
● 수단형 에볼라
● 코트디부아르형 에볼라
○ 분디부교형 에볼라

◉ 1976년 이후 아프리카 여러 나라에서 발생하고 있는 에볼라바이러스병의 유형과 발생 지역

박쥐에서 유래한 새로운 필로바이러스를 발견했다. 이 바이러스는 중국 윈난성 맹글라 지역에서 발견되어 '맹글라바이러스(Mengla Virus)'라고 붙였다. 에볼라바이러스는 필로바이러스에 속하며 매우 위험한 병원성 바이러스이지만, 이번에 발견된 새로운 필로바이러스는 에볼라바이러스와 마르부르크바이러스의 중간 정도인 바이러스로 밝혀졌다. 이 연구팀은 새로운 필로바이러스가 박쥐에서 사람에게로 옮겨갈 가능성이 있다고 밝혔다.

그러나 아프리카 여러 나라에서 수차례 발생한 기존 에볼라바이러스와는 달리 아직 중국에서 이 새로운 필로바이러스가 사람에게 감염되어 에볼라바이러스병을 일으키지는 않았다. 그렇지만 이 연구를 진행한 바이러스 전문가들은 과일박쥐로부터 필로바이러스가 사람에게로 옮겨올 위험성이 있으므로 주의해야 한다고 당부했다.

☀ 2013~2016년의 에볼라바이러스병

2013년 아프리카에서 에볼라바이러스병이 발생하여 여러 나라로 확산되어 유행을 이어가다가 2016년에 끝났다.

2013년 12월 2일 아프리카 기니 남부에 있는 멜리안두 마을에서 두 살 난 남자아이가 고열과 구토 및 설사 등의 증세를 보이며 심하게 아프다가 12월 6일 사망하는 일이 발생했다. 이것이 이번 에볼라바이러스병 발생의 시작이었고 알려진 최초의 감염자였다. 이후 그 아이의 어머니와 세 살 난 누나와 할머니도 에볼라바이러스에 감염되어 사망했

◉ 2013년 처음 에볼라바이러스병이 발생한 기니의 멜리안두 마을(왼쪽)과 박쥐 떼가 살았던 속이 빈 나무(오른쪽)

다. 에볼라바이러스는 계속 여러 지역으로 확산되었다.

2014년 이전까지 에볼라바이러스병은 아프리카 일부 지역에서만 발생했다. 그러나 2014년에 에볼라바이러스병은 아프리카뿐만 아니라 유럽과 미국에까지 퍼져나갔다. 급기야 2014년 8월 8일 WHO는 '국제공중보건위기상황(PHEIC)'을 선포했다. 당시 WHO 마거릿 챈 사무총장은 40년에 가까운 에볼라바이러스 역사상 가장 광범위하고 심각한 상황이 발생했다고 말했다. 당시 기니, 라이베리아, 시에라리온, 말리, 나이지리아, 세네갈, 이탈리아, 스페인, 영국, 미국 등 10개국에서 에볼라바이러스병이 발생했다.

2014년 10월 WHO는 빨리 특단의 대책을 내놓지 않으면 앞으로 두 달간 매주 1만 명 정도의 에볼라바이러스병 환자가 발생할 것이라고 경고했다. 또한 미국 질병통제예방센터도 앞으로 넉 달간 55만 명에서 140만 명에 이르는 에볼라바이러스병 환자가 발생할 수 있다는 예측을 내놓았다.

이에 따라 에볼라바이러스병이 세계적 대유행을 일으키는 재앙과 같은 상황을 막기 위해 여러 나라들이 발벗고 나섰다. 미국은 주요 발생국 중 하나인 라이베리아에 4,000명의 미군을 파견했고, 영국과 프랑스도 시에라리온과 기니에 군대를 파병했다. 또한 우리나라도 시에라리온에 보건·의료 인력을 파견했다.

환자들을 돌보던 의료진도 에볼라바이러스병에 감염되는 안타까운 일들도 발생했다. WHO에서 발표한 2014년 12월 28일 기준 에볼라바이러스에 감염된 의료진 현황을 보면, 시에라리온에서는 143명이 감염되어 110명이 사망했고, 라이베리아에서는 369명이 감염되어 178명이 사망했으며, 기니에서는 148명이 감염되어 87명이 사망했다. 또한 미국에서도 3명의 의료진이 감염되어 1명이 사망했다.

2014년에는 라이베리아에 의료 지원을 나갔던 미국인 의료진 2명이 에볼라바이러스병에 감염되는 사건이 발생했다. 당시 미국 내에서는 이들을 미국으로 이송해 치료하는 것을 반대하는 분위기도 있었다. 이들을 통해 미국으로 무서운 에볼라바이러스가 들어오기 때문이었다. 그러나 미국 질병통제예방센터는 이들을 미국으로 데려와 치료하기로 결정했다. 2014년 8월 2일 라이베리아를 출발한 비행기 한 대가 미국 조지아주 도빈스 공군기지에 도착했다. 승객은 단 한 사람, 라이베리아에서 에볼라바이러스병에 감염된 환자들을 치료하다가 자신도 감염된 미국인 의사 캔트 브랜틀리였다. 그는 우주복처럼 온몸을 덮는 방역복을 입고 비행기에서 내려 구급차에 올라 병원으로 갔다. 이후 다른 미국인 감염자인 간호사 낸시 라이트볼도 미국으로 이송되었다. 이 두 사람은 병원에서 시험 단계에 있던 지맵(Zmapp)이라는 에볼라바이러스병 치료제로 치료를 받았다. 이들은 지맵을 처음 투여받은 에볼라바이러스병 환자들이었다. 이렇게 병원에서 치료를 받은 지 3주 후 이들은 완치되었고 건강을 회복해서 퇴원했다.

다시 2014년 미국 상황으로 돌아가보자. 2014년 미국에서 에볼라바이러스에 의한 사망자와 또 다른 감염자들이 발생했다. 2014년 9월 19

일 라이베리아 출신의 토머스 에릭 던컨은 라이베리아에서 미국으로 돌아온 후 9월 28일 증상이 심해져 구급차를 타고 병원으로 이송되었는데, 9월 30일 에볼라바이러스병에 감염된 것으로 밝혀졌다. 이로써 미국 내에서 첫 에볼라바이러스병 환자가 발생했다.

이 일이 발생하자 미국이 발칵 뒤집혔다. 라이베리아에서 에볼라바이러스병에 감염된 의료진 두 명은 철저하게 방역복을 착용하고 안전하게 미국으로 이송해 바로 병원에서 치료를 받았다. 그러나 던컨은 에볼라에 감염되었음에도 증상이 발현되기 전이라 일반인들처럼 비행기를 타고 미국에 도착했으며, 이후에도 자유롭게 여러 곳을 돌아다니며 많은 사람들과 접촉했던 것이다. 따라서 던컨과 접촉했던 그의 약혼자를 포함한 수십 명을 격리 조치하고 에볼라바이러스에 감염되었는지 여부를 지켜보았다. 다행히 잠복기 21일이 지나도록 감염자는 나타나지 않았다.

당시 던컨은 브랜틀리와 다른 치료를 받았다. 브랜틀리는 에볼라바이러스에 감염되었다가 나은 사람의 혈장과 시험용 치료제 지맵을 투여받고 완치되어 나았지만, 던컨은 에볼라바이러스병 완치자의 혈장이나 시험용 치료제 지맵도 투여받지 못했다. 당시 던컨을 치료했던 의료진은 지맵이 남아 있지 않아서 대신 임상시험 중에 있던 브린시도포비르(Brincidofovir)라는 치료제를 투여했다고 밝혔다. 던컨은 브린시도포비르를 투여받은 첫 에볼라바이러스병 환자였다. 그러나 안타깝게도 2014년 10월 8일 던컨은 사망했다. 이로써 미국에서 에볼라바이러스병 첫 사망자가 발생했다.

이 악몽 같은 일은 여기서 끝나지 않았다. 던컨을 치료하던 두 명의 의료진이 에볼라바이러스병에 감염되는 사건이 발생했다. 미국 내에서 에볼라바이러스병 환자에게서 다른 사람이 감염되는 사건이 발생했던 것이다. 더욱이 철저하게 방역복을 입고서 병원에서 일을 하던 의료진이 두 명이나 감염되었던 것이다.

이러한 믿지지 않는 일이 벌어지자 감염 원인을 찾아나섰다. 당시 미국 질병통제예방센터는 에볼라바이러스병 환자를 치료할 때 의료진은 1단계 방역복을 착용하도록 하고 있었다. 당시 감염된 두 명의 의료진도 1단계 방역복을 착용하고 에볼라바이러스병에 감염된 던컨을 돌봤다. 그런데 이 의료진들이 감염된 것이다. 이 사건으로 인해 1단계 방역복의 허점이 드러났다. 그러니까 1단계 방역복을 입고 장갑을 끼더라도 목 등 일부 피부가 드러났고 장갑도 한 겹을 끼었기 때문에 방역복과 장갑을 벗는 과정에서 에볼라바이러스에 오염된 물질이 몸에 묻을 수 있다. 따라서 미국 질병통제예방센터는 이 사건 이후 에볼라바이러스병을 치료하는 의료진의 복장 지침을 강화해서 발표했다. 즉, 목을 덮는 후드, 방수 신발싸개, 장갑 두 겹 이상 등을 착용하는 2단계 방역복을 입도록 강화했다.

WHO는 2014년 7월에 전 세계 감염자가 467명이었지만 그해 11월에 5,177명으로 불과 넉 달 사이에 열 배 이상 증가했으며, 2015년 3월에는 감염자가 1만 4000명을 넘었다고 밝혔다. WHO에서 발표한

2014년 12월 28일 기준 에볼라바이러스병 발병 주요 국가의 감염자와 사망자는 다음과 같다.

시에라리온에서 9,446명의 감염자와 2,758명의 사망자가 발생했고, 라이베리아에서 8,018명의 감염자와 3,423명의 사망자가 발생했으며, 기니에서 2,070명의 감염자와 1,708명의 사망자가 발생했으며, 나이지리아에서 20명의 감염자와 8명의 사망자가 발생했다. 또한 아프리카 이외의 나라에서도 감염자가 발생했다. 미국에서 4명의 감염자와 1명의 사망자가 발생했고, 세네갈과 스페인 및 영국에서 각각 1명의 감염자가 발생했다. 서아프리카에서 2013년 발생해서 2016년 유행이 끝날 때까지의 전체 상황을 보면, 2만 8000명 이상의 환자, 1만 1308명의 사망자, 46퍼센트의 치사율을 기록했다.

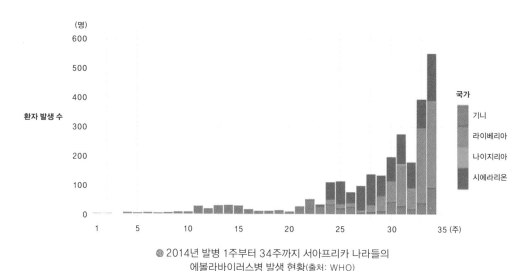

◉ 2014년 발병 1주부터 34주까지 서아프리카 나라들의
에볼라바이러스병 발생 현황(출처: WHO)

☀ 2018~2019년의 에볼라바이러스병

2018년에도 에볼라바이러스병이 발생해 심각한 상황으로 치달았다. 콩고민주공화국 북동부 지역에서 2018년 8월에 이 감염병이 또다시 발생했으며, 발생 6개월 만에 500명이 사망했고 1년 2개월 만에 2,035명이 사망했다. 상황이 이처럼 심각해지자 2019년 7월 WHO는 다시 에볼라바이러스병 유행으로 인해 '국제공중보건위기상황(PHEIC)'을 선포하면서, 에볼라바이러스병 발병 국가에 신속히 백신을 공급하고 인접 국가로 확산되는 것에 대한 대비책을 강화하라고 권고했다.

그러나 에볼라바이러스 발생으로 심각한 상황을 맞은 콩고민주공화국은 에볼라바이러스뿐만 아니라 불신이라는 보이지 않는 적과도 싸워야 했다. 콩고민주공화국의 국민은 에볼라바이러스병 감염 예방을 위한 백신 접종을 믿지 않았고 정부에 대한 불신도 컸다. 백신 대신 전통적인 치료 방법을 더 믿는 분위기였으며 에볼라바이러스가 확산된 지역은 오랜 분쟁 지역이라 확산 방지에 더욱 어려움을 겪었다. 설상가상으로 의료진들이 사용하는 에볼라 백신이 치료제가 아니라 독약이라는 소문이 떠돌아 의료진에 대한 불신이 커졌고, 심지어 의료진을 살해하겠다는 협박도 있었다고 한다. 2018~2019년 동안 에볼라바이러스병에 3,470명이 감염되었고 2,287명이 사망했다.

당시 질병관리본부는 에볼라바이러스가 국내로 유입될 가능성이 낮다며 경보 수준을 '관심' 단계로 유지했다.

☀ 2020~2021년의 에볼라바이러스병

2020년 6월 아프리카 콩고민주공화국 북부 지역에서 다시 에볼라바이러스병이 발생해 6명이 감염되고 4명이 사망한 것으로 확인되었다고 WHO가 밝혔다. 이후 석 달 만에 100명의 감염자가 발생했고 43명이 사망했다.

게다가 홍역이 유행하여 6,000명 이상의 사망자가 발생했을 뿐만 아니라 코로나19가 퍼져서 2020년 6월 3,000명 이상이 감염되어 72명이 사망했다. 콩고민주공화국의 현실을 감안하면 코로나19로 인한 실제 감염자와 사망자가 훨씬 많을 것으로 추정되고 있다.

2021년 2월 14일 서아프리카 기니에서 에볼라바이러스병이 발생했다고 기니 보건안전청이 발표했다. 당시 기니 보건 당국은 7명의 에볼라바이러스병 감염자가 발생했고 3명이 사망했다고 밝혔다.

이처럼 아프리카 여러 나라에서 에볼라바이러스병이 지속적으로 발생하고 있는 안타까운 실정이다.

☀ 에볼라바이러스병의 발생 원인을 찾아서

2013~2016년 에볼라바이러스병의 유행을 일으킨 원인을 찾기 위한 조사가 진행되었다.

2014년 독일 로베르트 코흐 연구소의 파비안 린데르츠 연구팀이 원인 규명 조사에 나섰고 다음과 같은 사실을 밝혀냈다.[6] 이 연구팀은 에볼라가 발생한 기니의 멜리안두 마을을 방문해 그곳에서 채취한 시료들을 분석하고 마을 사람들을 만나 이야기를 듣는 등 다각도로 조사를 진행했다.

그 결과 2013년 12월 6일에 이 마을에 사는 두 살 아이가 최초로 박쥐로부터 에볼라바이러스에 감염되어 사망했고, 이후 여러 사람에게로 전염되었음을 밝혀냈다. 그 아이가 살았던 마을 뒤편에 큰 구멍이 뚫린 나무들에서 박쥐들이 살고 있는데 이 박쥐에 있던 바이러스가 아이에게 옮겨 에볼라바이러스병이 발생했다는 것이다. 이처럼 한 아이의 감염에서 시작된 에볼라바이러스병이 이후 많은 사람들에게로 확산되었다.

🔴 아프리카 박쥐

또한 당시 에볼라바이러스의 최초 숙주 동물이 과일박쥐일 것이라고 과학자들은 추정했다. 과일박쥐에 있던 에볼라바이러스가 침팬지, 원숭이, 고릴라 등과 같은 다른 동물에게 옮겨갔고 이후 사람에게로 옮겼다는 것이다. 그리고 에볼라바이러스병이 여러 차례 발생한 서아프리카의 주민은 과일박쥐를 여러 가지 음식으로 요리해 먹는 것으로도 알려졌다.

이처럼 바이러스가 많은 박쥐를 직접 잡아서 요리해 먹는 상황이다 보니 바이러스 감염에 더욱 취약하고 위험한 상황에 노출될 수밖에 없다. 이러한 상황에서 에볼라바이러스가 과일박쥐에서 사람에게로 직접 옮겨갔거나 중간 숙주 동물을 거쳐서 옮겼을 것으로 추측한 것이다. 이렇듯 사람에게로 옮겨온 에볼라바이러스는 한 사람만 감염시키는 것에 그치지 않고 사람과 사람 간의 전파가 이루어져 많은 사람이 에볼라에 감염되어 죽었다.

☀ 목숨을 건 에볼라바이러스 연구

2014년 시에라리온 케네마 정부병원의 어거스틴 고바 연구팀은 에볼라바이러스 연구 결과를 〈사이언스〉에 발표했다.[7]

고바 연구팀은 환자의 혈액에서 에볼라바이러스를 추출하여 분석한 결과, 2014년 서아프리카에서 발생한 에볼라바이러스병의 원인 바이러스는 10년 전에 발생한 중앙아프리카의 에볼라바이러스 계통에서 분화했다는 것을 알아냈다. 또한 지난 10년 동안 에볼라바이러스는 385차례 이상 돌연변이를 일으켰다는 사실도 찾아냈다.

안타깝게도 이 연구에 참여한 58명의 연구원 가운데 5명이 연구 도중 에볼라바이러스에 감염되어 목숨을 잃었다. 이처럼 에볼라바이러스는 무섭다. WHO에 따르면, 이 연구원들 이외에도 기니·라이베리아·나이지리아·시에라리온의 보건·의료 인력 240명 이상이 에볼라바이러스병 환자를 돌보다가 감염되었고 120명 이상이 사망했다.

에볼라바이러스병의 백신과 치료제 개발을 위해서는 원인이 되는 에볼라바이러스의 유전자를 조사할 필요가 있다. 이 바이러스가 어떤 유전자를 가지고 있는지와 얼마나 변이를 일으키는지를 알아야만 백신과 치료제를 개발할 수 있다.

☀ 에볼라 백신은 있을까

2014년 글로벌 제약회사 GSK는 에볼라 백신의 임상시험을 진행했다. 이 백신은 두 개의 에볼라 유전자를 주입하여 만든 침팬지의 아데노바이러스(Adenovirus)를 기반으로 제조되었다. 당시 백신을 접종한 20명의 피시험자에게서 모두 항체가 형성되었다고 미국 국립보건원이 밝혔다.

당시 GSK와 미국 국립보건원 산하 알레르기 및 감염질환연구소가 개발 중이던 'cAd3-ZEBOV'와 뉴링크 제네틱스와 캐나다 공공보건국이 개발 중이던 'rVSV-ZEBOV' 등이 개발되고 있었다.

rVSV-ZEBOV는 독성을 약하게 해(약독화) 안전한 바이러스 벡터에 에볼라 유전자 일부를 주입해 바이러스 표면에 에볼라 단백질을 이식하여 만든 것으로, 2016년 임상시험에서 효과가 있는 것으로 확인되었다. 이후 2018~2019년 콩고민주공화국 기부주 지역에서 에볼라바이러스병이 유행했을 때 rVSV-ZEBOV가 백신 접종에 실험적으로 사용되었다.

rVSV-ZEBOV는 '엘베보 (ERVEBO)'라는 이름으로 WHO 사전 적격성 평가에 통과되었으며 유럽연합의 조건부 허가를 받았다. 또한 2019년 12월 엘베보는 에볼라바이러스병 백신으로는 처음으로 FDA 허가를 받았다. 이 백신은 미국 제약회사 머크사에서 개발했으며 다섯

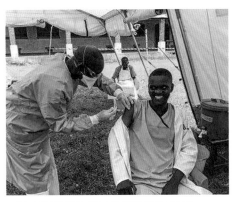

⊛ 콩고민주공화국에서 에볼라바이러스병 백신 접종

가지의 에볼라바이러스 중에서 자이르형 에볼라바이러스에 의한 에볼라바이러스병 예방 백신이다.

일본 도쿄대학교 의과학연구소의 가와오카 요시히로 연구팀도 에볼라바이러스병의 백신을 개발 중에 있으며 임상시험에 들어간다고 2019년 12월에 밝혔다. 이 연구팀은 유전자 조작을 하지 않고 증식력과 감염력을 제거한 바이러스를 사용해서 에볼라 백신을 개발했다. 이 백신을 10마리의 원숭이에 접종한 후 치사량 수준의 에볼라바이러스를 주입했지만 원숭이들이 아무 이상 없이 건강했다고 발표했다. 이와 같은 우수한 동물 실험 결과를 바탕으로 사람을 대상으로 한 임상시험을 진행할 계획이라고 밝힌 것이다.

최근 자이르형·수단형·코트디부아르형·분디부교형 에볼라바이러스에 모두 효과가 있는 백신이 개발 중이라는 소식이 있다. 미국 신시내

티 아동병원의 카르날리 싱 박사팀은 네 종류의 에볼라바이러스에 모두 효과가 있는 백신을 개발했다고 2020년 4월에 발표했다.[8] 이 연구팀은 개발한 백신을 붉은털원숭이에 접종했는데 네 가지 유형의 에볼라바이러스에 대해 모두 강한 면역 반응을 나타냈다고 밝혔다. 이처럼 최근의 연구 결과를 보면 머지않아 사람에게 치명적인 병을 일으키는 모든 에볼라바이러스를 예방할 수 있는 백신을 확보하게 될 것으로 기대한다.

아프리카에서 에볼라바이러스병이 처음 발생한 지 40년이 넘었다. 그런데 최근에야 에볼라 백신이 개발되고 있다. 보통 백신을 개발하는 데에 5~10년 정도 걸린다. 이러한 개발 기간을 고려하더라도 에볼라 백신을 개발하는 데 너무 오랜 시간이 걸렸다. 글로벌 제약사들이 가난한 아프리카 지역에서 주로 발생하는 에볼라바이러스병에 대한 백신은 경제적 이익이 별로 없을 것이라는 이유를 들어 개발이 늦어진 것 같아 안타까운 마음이다. 이제 여러 종류의 에볼라 백신이 개발되어 사용할 수 있는 상황까지 이르게 되어 에볼라바이러스병을 예방할 수 있어 안심이 된다.

☀ 에볼라 치료제는 있을까

에볼라바이러스병은 치사율이 높은 매우 무서운 병이지만, 마땅한 치료제가 없어서 불과 얼마 전까지 감염되면 속수무책으로 생명의 위협을 받았다. 그런데 최근에 에볼라바이러스병 치료제가 개발되어 허가를 받았다. 에볼라바이러스병의 치료 방법은 다음과 같다.

첫 번째는 마땅한 치료제가 없을 때 환자의 증상을 완화해주기 위해 사용하는 보존적 치료 방법이다. 환자에게 설사와 구토 또는 출혈로 인해 소실된 체액과 전해질* 등을 보충해주는 치료 방식이다.

두 번째는 면역 치료 방법으로 완치된 환자의 혈장을 투여하는 방법이다. 에볼라바이러스가 몸에 침투한 후 감염되어 증상이 나타나고 아프다가 회복기에 접어들면 몸속에 에볼라바이러스에 저항하는 항체가 많이 생긴다. 이처럼 에볼라바이러스에 저항하는 항체들이 들어 있는 그 환자의 혈장을 다른 환자에게 주입하는 방법이다. 이렇게 환자에게 이 혈장을 주입하면 에볼라바이러스에 저항하는 항체가 많아져 치료 효과를 볼 수 있다. 콩고민주공화국에서 자이르형 에볼라바이러스가 유행했던 1995년에 에볼라바이러스병에 감염되었던 회복기 환자의 혈장을 다른 8명의 환자에게 주입했는데 그중 7명이 생존했다는 보고가 있다. 그러나 현실적으로 회복기 환자의 혈장을 확보하는 것이 어려워 환자를 치료하는 데 사용하기에는 한계가 있다.

세 번째는 에볼라바이러스를 표적으로 개발된 치료제를 사용하는 방법이다. 여러 치료제가 개발 중에 있으며 2개의 치료제는 2020년에 FDA의 허가를 받았다.

미국의 맵바이오 제약이 개발 중인 '지맵'이라는 치료제가 있다. 이

---

* 전해질이란 액체에 녹아 음양의 이온으로 분해되는 물질로 전기를 잘 통하게 하는 성질이 있다. 대부분 무기산 무기 염류, 유기산, 유기 염류 등으로 생명 현상이 제대로 일어날 수 있게 우리 몸을 일정한 상태(항상성)로 유지하게 하는 역할을 한다.

치료제는 원숭이를 대상으로 한 비임상시험에서 2014년에 성공적인 결과를 얻었다. 이후 사람 환자에게 지맵의 치료 효과가 있는지에 대한 임상시험으로 지맵을 투여한 사례가 있지만 실제로 치료 효과가 있는지에 대해서는 확인되지 않았다.

지맵은 에볼라바이러스가 사람 몸의 세포에 달라붙는 데 이용하는 당단백질에 대항하는 세 가지 단일 클론 항체를 조합해서 만든 치료제이다. 따라서 지맵은 에볼라바이러스가 사람 몸의 세포에 달라붙는 것을 방해해서 감염을 막아준다.

다음으로 캐나다의 테크미라 제약이 개발한 'TKM-에볼라'라는 siRNA 기반 치료제가 있다. 이 후보 약물의 주성분은 지질 나노 입자에 싸인 세 개의 siRNA 분자인데 이 약물은 에볼라바이러스가 복제되는 것을 억제하는 역할을 한다. 에볼라바이러스가 사람 몸의 세포 속으로 침투해 복제되는 과정에 siRNA라는 물질이 끼어들어 정상적으로 복제하지 못하도록 방해하기 때문에 에볼라바이러스는 더 이상 증식하지 못한다. 테크미라제약은 원숭이 4마리를 대상으로 TKM-에볼라 실험을 진행한 결과 100퍼센트 보호 효과가 있었다고 밝혔다. 그러나 2015년에 진행된 임상시험에서 TKM-에볼라의 치료 효과가 확인되지 않아 결국 최종적으로 개발에 실패하고 말았다.

2013년 서아프리카에서 발생한 에볼라바이러스병으로 8개월 만에 1,800명이 넘는 사람이 감염되었고 1,000명 이상이 사망했다. 이에 2014년 8월 WHO는 위급한 상황에 특단의 조치를 내렸다. 개발 중에 있던 치료제를 투입해 사용할 수 있도록 한 것이다. 아직 효과와 부작용이 밝혀지지 않는 시험 단계에 있는 치료제라도 사용하지 않는 것보다 사용하는 것이 더 윤리적이라며 실험용 백신과 치료제의 사용을 긴급 승인했다. 이렇게 안전성과 효능의 검증이 끝나지도 않은 치료제를 환자에게 사용하도록 한 것은 전례가 없는 일이었다.

WHO의 이러한 조치로 2014년 당시 개발 중이던 여러 에볼라 치료제가 긴급 사용 치료제 후보에 올랐다. 미국 맵바이오 제약의 지맵, 일본 후지필름의 파비피라비르(Favipiravir, 또는 아비간Avigan이라고도 함), 캐나다 테크미라 제약의 TKM-에볼라 등이었다. 그중에 가장 먼저 지맵이 에볼라 환자에게 사용되어 효과가 있다는 것이 입증되었다. 지맵은 앞서 언급한 2014년 당시 아프리카 라이베리아에 의료 지원을 나갔던 2명의 미국인을 치료하기 위해 사용했던 치료제다. 이들에게 사용된 후 미국은 치료제 지맵의 재고 물량 전체를 라이베리아에 무상 지원해서 환자 치료에 사용하도록 했다.

2019년 8월 네 종의 에볼라 치료제의 환자 대상 임상시험 결과가 발표되었다. WHO와 미국 국립보건원 산하 알레르기 및 전염병연구소의 후원으로 콩고민주공화국 에볼라 환자들에게 네 종의 치료제를 투여하여 효과를 분석하는 임상시험이 진행되었던 것이다. 임상시험이 진행된 네 종의 치료제는 지맵, 렘데시비르(Remdesivir), REGN-EB3, mAb114였다. 시험 결과 지맵과 렘데시비르를 투여한 환자의 사망률은 각각 49퍼센트와 53퍼센트였다. 그런데 REGN-EB3와 mAb114를 투여받은 환자의 사망률이 훨씬 낮아 각각 29퍼센트와 34퍼센트였다. 특히 에볼라 감염 초기에 REGN-EB3와 mAb114를 투여했을 경우 에볼라 환자들의 생존률은 각각 94퍼센트와 89퍼센트나 되있다. 이처럼 임상시험을 통해 에볼라 치료제로 주목을 받았던 지맵의 치료 효과가 상대적으로 낮은 것으로 드러났으며, 초기 투여시 생존률이 약 90퍼센트인 치료제 두 종이 확인되는 중요한 결과를 얻었다.

2020년 10월 드디어 첫 번째 에볼라바이러스병 치료제가 FDA의 승인을 받았다. 미국의 리제네론이 개발한 인마제브(Inmazeb)다. 인마제브는 자이르형 에볼라바이러스에 의해 발생하는 에볼라바이러스병의 치료제다. 이 치료제는 세 개의 단일 클론 항체 혼합물로 만들었으며 382명을 대상으로 진행한 임상시험에서 에볼라 환자의 사망률을 낮추는 효과가 있었다. 임상시험에서 치료제를 투여하지 않는 환자들의 사망률은 51퍼센트였고 인마제브를 투여한 환자들의 사망률은 33.8퍼센트였다. 이처럼 이 치료제가 모든 에볼라 환자를 살리지는 못해도 사망률을 낮춰서 더 많은 환자를 치료하는 것으로 밝혀졌다.

2020년 12월 두 번째 에볼라바이러스병 치료제가 FDA의 승인을 받았다. 미국의 리지백 바이오테라퓨틱스가 개발한 에반가(Ebanga)다. 에반가는 자이르형 에볼라바이러스에 의한 감염 치료제로 인간 단일 클론 항체 약물로 만들었다. 이 치료제의 작용 원리는 에볼라바이러스가 사람 세포에 결합하는 것을 차단해서 세포 안으로 침투하지 못하게 하는 것이다.

☀ 에볼라 치료제가 코로나19에도 효과 있을까

코로나19가 확산되던 2020년, 전 세계는 백신과 치료제를 찾기 위해 혈안이 되었다. 기존에 없던 신종 바이러스로 발생한 코로나19에 대한 치료제가 있을 리 없었다. 그렇다고 단시간 내에 치료제를 만들 수도 없었다. 그래서 기존에 개발해놓은 다른 치료제들 중에서 코로나19 치료에 효과가 있는 치료제가 있는지 조사하기 위해 응급 환자들에게 일부 사용하기 시작했다.

2020년 2월 미국 질병통제예방센터 연구팀은 코로나19 환자에 렘데시비르를 투여하자 증상이 크게 호전되었다고 발표했다.[9] 당시 길리어드의 에볼라 치료제 렘데시비르가 코로나19 치료제로 재탄생할 것이라는 보도가 나왔다. 또한 미국 국립보건원의 알레르기 및 전염병연구소는 렘데시비르가 코로나19 치료 효과가 있는지 임상시험에 돌입했다. 거의 같은 시기에 에이즈 치료제로 개발된 칼레트라(Kaletra), 말라리아 치료제인 클로로퀸(Chloroquine) 등이 코로나19 치료제 후보에 올라서 큰 관심을 끌었다. 단순하게 생각하면 바이러스를 죽이는 항바이러스제라면 다른 바이러스로 인한 감염병 치료에도 효과가 있을 것 같지만 그렇지 않다. 바이러스의 종류가 다르면 치료제의 작용 원리가 달라져 효과가 없을 수 있다.

그런데 WHO는 렘데시비르 등이 코로나19 치료제로 효능이 없다고 발표했다. 이러한 발표가 나오고 얼마 지나지 않아 또 다른 놀라운 뉴스가 나왔다. 2020년 10월 22일 FDA가 렘데시비르를 코로나19 치료제로 정식 허가했다는 것이다. 이처럼 길리어드 기업이 에볼라 치료제로 개발해놓은 약이 코로나19 치료제로 승인을 받아 사용되었다. 당시 미국 트럼프 대통령이 코로나19에 감염되어 치료를 받을 때 렘네시비르를 투여해 치료했다.

3부

전쟁과 감염병
그리고 생물무기

1 감염병
전쟁의 승자를 바꾸다

어찌 보면 인류의 역사는 전쟁의 역사다. 석기 시대, 청동기 시대, 철기 시대 등 인류 역사의 초창기부터 최근에 이르기까지 수많은 전쟁이 있어왔고 이를 통해 새로운 역사가 쓰였다. 또한 수많은 전쟁 무기도 개발되어 사용되었다. 급기야 20세기에는 핵무기가 개발되었고 제2차 세계대전에서 실제로 일본의 히로시마와 나가사키에 핵폭탄이 투하되었다. 최근 북한이 핵무기를 개발함으로써 한반도는 핵무기의 위협에 시달리고 있다.

이뿐만 아니라 핵무기만큼이나 무시무시한 생물무기가 위협하는 시대에 우리는 살고 있다. 감염되면 죽을 수도 있는 위험한 바이러스와 세균을 무기처럼 적군에게 사용하는 것이 생물무기다. 이 무기는 역사상 전쟁의 승자를 바꿔놓기도 하고 제국이라 불렸던 큰 나라를 없애버리기도 했다.

☀ 생물무기란

2015년 마이크로소프트 창업자 빌 게이츠는 테드(TED) 강연에서 감염병의 위협에 대해 강조하면서, 지난 세대는 핵전쟁을 가장 두려워 했지만 이제 감염병이 인류의 가장 두려운 존재가 되었다고 말했다. 또한 바이러스가 핵전쟁보다 더 무서운 파괴력으로 수천만에서 수억 명의 사람을 죽일 수 있다고 강조하며 테러 조직에 의한 바이러스 살포가 가능하다는 말도 덧붙였다.

그렇다면 실제로 지금도 생물무기를 개발하고 있는 곳이 있을까? 어느 테러 집단이나 나라에서 생물무기를 개발하고 있더라도 스스로 공개하지 않으니 얼마나 위험한 생물무기가 개발되고 있는지 자세히 알 수는 없다. 그렇지만 공개된 여러 자료들만 살펴보더라도 생물무기의 위협은 매우 심각한 수준이다.

생물무기(Bioweapon)는 바이러스, 박테리아, 곰팡이 등의 병원체나 생물독소를 생물전(生物戰)의 무기로 사용하는 것을 말한다. 대표적인 생물무기가 '공포의 백색가루'로 불리는 탄저병을 일으키는 탄저균이다. 탄저균은 포자 형태로 투사가 가능하기 때문에 사용이 쉽고 투사한 이후에도 상온에서 빨리 죽지 않고 남아 있어 그 위력이 지속된다. 또한 치사율이 95퍼센트나 된다. 이러한 특징들 때문에 테러 집단에서 주로 사용하는 생물무기가 탄저균이다. 탄저균을 생물무기로 사용하면 1킬로그램의 탄저균으로 10만 명의 사람을 죽일 수 있다고 하니 그 위력이 대단하다. 실제로 미국에서 9·11 테러가 발생한 직후에 탄저균이 들어 있는 우편물이 배달되는 테러가 발생하여 5명이 사망했다.

☀ 몽골군이 사용한 최초의 생물무기

몽골 제국이 유럽을 침략했을 때의 일이다. 1347년 몽골군은 흑사병에 걸려 죽은 사람의 시체를 투석기로 페오도시야 성벽 안으로 던져넣었다. 전쟁에서 이기기 위해 의도적으로 적군의 성 안에 흑사병으로 죽은 사람의 시체를 던져넣었던 것이다. 요즘 식으로 말하면 전쟁에서 생물무기를 사용했던 것이다. 이로 인해 실제로 페오도시야 성 안에서 흑사병이 퍼지게 되었다.

이후 흑사병은 이탈리아의 여러 도시로 퍼졌고 급기야 유럽 전역으로 확산되었다. 이것이 바로 그 유명한 14세기 유럽에 창궐했던 흑사병 참사의 시작이었다. 당시 유럽에서는 3년 동안 약 2천만 명이 흑사병에 걸려 사망했다. 이처럼 생물무기의 위력은 엄청나다.

☀ 아메리카 정복의 핵심 무기, 천연두

역사적으로 보면 천연두가 생물무기로 사용되었던 적이 여러 차례 있었다. 16세기에 유럽인이 아메리카 대륙에 발을 들여놓기 전까지는 아메리카에 천연두라는 병이 없었기에 원주민에게는 이에 대한 면역력이 없었다. 이러한 상황에 유럽인에 의해 아메리카 대륙에 천연두가 퍼지자 빠르게 확산되며 수많은 사람이 목숨을 잃는 참사로 이어졌다.

천연두가 유럽인에 의해 아메리카 대륙에 처음 전해진 것은 1515년이다. 스페인의 정복자 에르난 코르테스는 멕시코의 아스텍 제국을 침공할 때 천연두를 무기로 삼았다. 천연두에 대해 전혀 면역력이 없는 아스텍 제국의 사람들은 천연두가 퍼지자 속수무책으로 감염되어 죽어갔다. 약 2000만 명의 아스텍 제국 인구는, 유럽 정복자가 퍼뜨린 천연두로 사망자가 속출하는 바람에 급기야 160만 명으로 급감했다.

1531년 프란시스코 피사로가 168명의 병사를 데리고 수백만 명의 인구가 살고 있던 잉카 제국을 정복할 때도 많은 원주민이 천연두에 감염되어 죽어갔다. 재러드 다이아몬드는 『총, 균, 쇠Guns, Germs, and Steel』(1997)에서 유럽인들이 가져와서 퍼뜨린 천연두와 여러 질병으로 남아메리카 인구의 90퍼센트 정도가 감소했다고 말한다. 이처럼 감염병 하나가 작은 부족이 아닌 제국이라 불렸던 오랜 역사와 전통을 가진 나라를 없애버리기도 했다.

이러한 상황은 북아메리카에서도 일어났다. 영국군과 프랑스-원주민 동맹군이 전쟁을 벌였던 프렌치 인디언 전쟁(1754~1763)에서도 천연두가 생물무기로 사용되었다. 유럽에서는 바이킹 시대에 이미 천연두가 여러 지역에 퍼져 있었지만, 아메리카 인디언은 유럽인이 진출하기 이전까지 천연두가 없었다. 그래서 인디언 원주민은 천연두에 대한 면역력이 전혀 없었다.

이런 상황에서 영국군이 의도적으로 천연두 환자가 사용했던 담요를 인디언에게 선물로 줘서 천연두에 감염되게 했다. 이는 우연한 실수가 아니라 의도적으로 영국군 장교들이 천연두의 사용을 명령하고 천연두 병원에서 가져온 담요와 손수건을 적군에게 퍼뜨린 임청난 사건이었다. 이로 인해 인디언 사이에 천연두가 크게 번져 인디언의 50퍼센트나 사망했다.

콜럼버스의 교환(Columbian Exchange)이라는 말이 있다. 이는 크리스토퍼 콜럼버스가 1492년 신대륙을 발견하고 신대륙과 구대륙 사이에서 일어난 인구와 물자의 이동을 일컫는 표현이다. 정복자인 유럽인의 시각에서 보면 그들이 살고 있던 유럽은 구대륙이고 새롭게 발견한 미지의 아메리카는 신대륙이었다. 그렇지만 그들이 발견한 신대륙은 태평양의 어느 무인도가 아니라 오래전부터 수많은 원주민이 살아온 또 하나의 거대한 대륙이었다.

당시 유럽인이 아메리카 대륙을 초토화하며 정복하는 과정에서 많은 사람과 생물 및 물자의 이동이 자연스럽게 뒤따랐다. '콜럼버스의 교환'이라고 일컫는 이러한 이동에서 중요한 식량 자원도 교환되었다. 신대륙에서 구대륙으로 이동한 식량 자원은 토마토, 감자, 옥수수, 칠면조, 고구마 등이며, 구대륙에서 신대륙으로 건너간 식량 자원은 올리브, 복숭아, 바나나, 사탕수수, 포도 등이다.

이외에도 다른 것들이 이동하여 서로 교환되었는데, 바로 질병이다. 유럽인은 천연두를 비롯해 수두, 장티푸스 등 여러 질병을 아메리카 대륙에 퍼뜨렸다. 그리고 아메리카 원주민은 유럽인에게 매독을 전파했

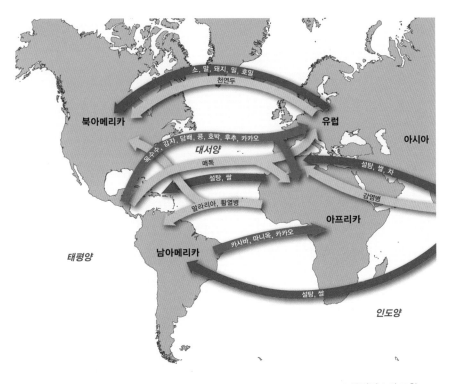

● 콜럼버스의 교환

고 이후 매독이 유럽으로 퍼지자 많은 유럽인이 매독의 공포에 시달려야만 했다.

☀ 황열병, 나폴레옹의 군대를 몰살시키다!

남아프리카공화국의 미생물학자 맥스 타일러는 황열병(Yellow fever)에 관한 연구 업적을 인정받아 1951년 노벨 생리의학상을 받았다. 우리에게는 낯선 황열병은 모기를 통해 전파되며 주로 남아메리카와 아프리카에서 발생한다.

황열병이 처음 언제 생겨났는지는 알 수 없다. 그렇지만 황열병이 발견되고 이후 어떻게 확산되어 갔는지에 대한 부분은 다음과 같이 알려져 있다.[1] 황열병이라는 감염병이 처음 발견된 것은 1648년 멕시코에서다. 당시 흑인 노예를 실어 나르던 배에 의해서 서아프리카에서 멕시코로 황열병이 유입되었을 것으로 추정되고 있다.

황열병은 생도맹그(지금의 아이티공화국)의 역사를 바꾸어놓았다. 생도맹그는 스페인 군인들이 원주민들을 정복한 이후로 1697년 프랑스의 식민지가 되었다. 프랑스인들은 비옥한 북부 해안을 중심으로 설탕과 커피, 담배, 인디고, 카카오 농장을 세우고 아프리카에서 노예들을 데리고 왔다. 이로 인해 원주민의 수는 점점 줄어들고 노예들의 수는 빠르게 늘어났다. 생도맹그는 1780년대까지 유럽에서 소비되는 설탕과 커피 대부분을 생산했다. 이에 따라 노동력을 보충하기 위해 끊임없이 아프리카 노예들이 생도맹그로 팔려 와서 농장에서 일했다.

열악한 환경에서 노동력을 착취당하고 억압받은 노예들은 이에 끊임없이 저항했다. 1802년 프랑스의 나폴레옹은 노예들의 반란을 진압하기 위해 2만 5000명의 군대를 파견했다. 결국 흑인 노예들이 군대를 피해 정글 속으로 도망쳤다. 이후 정글 속으로 흑인 노예를 추격하던 나폴레옹 군대의 군인 중 3000명만 살아 돌아왔다. 정글 속에서 2만 2000명의 군인을 죽인 것은 흑인 노예가 아니라 황열병이었다. 당시 황열병에 대한 면역이 없었던 프랑스 군인들이 정글에서 황열병에 감염되어 몰살되다시피 했던 것이다. 이로 인해 생도맹그는 흑인이 약 90퍼센트를 차지하는 나라가 되었다. 이처럼 황열병은 17세기부터 19세기까지 계속 확산되어 남아메리카와 아프리카 대륙의 넓은 지역으로까지 퍼졌다.

황열병이라는 이름은 일부 환자에게서 황달이 나타나 피부가 누렇게 되는 증상이 관찰되어 붙인 것이다. 황열병의 원인 병원체는 황열바이러스다. 이 바이러스를 옮기는 모기는 이집트숲모기로 알려져 있다. 황열바이러스가 몸속으로 침투하면 3~6일의 잠복기를 거친 후 증상이 나타난다. 주요 증상은 갑작스러운 발열, 두통, 요통, 구토, 황달 등이며, 증상이 심해지면 간이나 심장 같은 장기가 손상되거나 출혈과 하혈 등이 나타날 수 있다. 치사율은 15~80퍼센트다.

요즘에는 백신 접종으로 황열병 감염을 예방할 수 있으며, 한 번 접종으로 10년 정도의 면역력이 생긴다. 황열병이 주로 발생하는 곳은 아프리카와 남아메리카 지역이다.

스페인독감
제1차 세계대전보다 무서운 독감

'스페인독감'이라고 하면 마치 스페인에서 생겨난 감염병처럼 들린다. 그렇지만 이 감염병은 스페인이 아닌 미국 시카고에서 처음 발생했다. 이 감염병에 '스페인'이란 나라 이름이 감염병에 붙은 것에는 당시에 그럴만한 이유가 있었다.

예전에는 일본뇌염, 스페인독감, 중동호흡기증후군, 한국형출혈열* 등 질병 이름에 나라나 지역 이름을 붙이곤 했다. 그러자 여러 부작용이 발생해서 요즘은 WHO의 지침에 따라 질병의 이름에 나라나 지역의 이름을 붙이지 않는다.

아무튼 스페인독감이 한창 확산되던 시기는 제1차 세계대전이 막 끝날 무렵이었다. 당시 유럽의 많은 나라가 세계대전을 치렀기에 언론 통

---

* 1951년 한국전쟁 중에 중부전선에서 미군이 발견했다.

제가 심해 이 위험한 감염병의 확산과 사망자 발생에 대한 보도를 제대로 하지 못했다. 다만 언론 통제가 심하지 않았던 스페인의 언론이 이 감염병의 환자 증가와 심각성에 대해 거의 매일 보도했다. 그래서 마치 이 감염병이 스페인에서 발생한 것처럼 오해를 하게 되어 '스페인독감'이라고 불리게 되었다는 설이 있다.

☀ 스페인독감, 세계를 휩쓴 죽음의 공포

스페인독감은 인플루엔자 A형 바이러스의 변형인 H1N1 바이러스가 원인이 되어 발생했다. 증상으로는 '3일 열병'이라는 별명이 붙은 것처럼 짧은 기간 동안 증상이 나타났고 이후 감기 증상을 보였다. 일부는 감염되고 3일 만에 사망하기도 했다. 또 일부는 감염된 지 감기 증

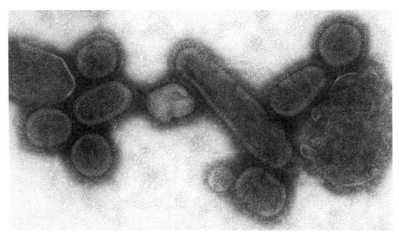

⦿ 스페인독감원인 바이러스(H1N1)의 전자현미경 사진

상을 보이다가 폐렴으로 발전하고 피부가 보라색으로 변하면서 죽기도 했다.

이 바이러스는 1918년 3월 미국 시카고에서 발생한 뒤 같은 해 8월 경에 아프리카의 시에라리온에서 고병원성으로 발전한 것으로 추정되고 있다. 제1차 세계대전이 난 뒤 병사들이 고향으로 돌아가기 위해 모인 캠프에서 감염이 시작되었고, 고향으로 돌아간 병사들이 각지로 흩어지면서 확산되어 급기야 전 세계적인 유행으로 진행되었다.

스페인독감은 독특하게 젊은 청년층의 사망자가 다른 질환에 비해 높았다. 그 이유는 지금과 같은 독감 예방 백신이나 치료제가 없었고 제1차 세계대전으로 인해 수많은 젊은 청년이 전쟁터에서 건강이 악화되어 면역력이 떨어졌기 때문으로 추정된다. 또한 감염 방지를 위한 개인 위생 관리나 방역이 제대로 이루어지지 않았던 것도 많은 사망자가 발생한 주요 원인이라고 전문가들은 설명한다.

스페인독감이 유행하던 1918년과 1919년 당시 전 세계 인구는 약 16억 명이었고, 그중 5억 명 정도가 감염되었다. 사망자도 적게는 2500만 명에서 많게는 1억 명까지 추산된다. 이 감염병의 치사율은 1.87퍼센트 정도였다. 치사율만 보면 다른 주요 감염병들보다 낮기 때문에 크게 위협적이지 않지만, 당시 스페인독감으로 죽은 사람의 수는 제1차 세계대전으로 죽은 900만여 명보다 세 배나 많다.

우리나라도 스페인독감을 피해가지 못했다. 조선총독부 자료에 따르면, 당시 우리나라 전체 인구는 1678만 명으로 44퍼센트에 해당하는

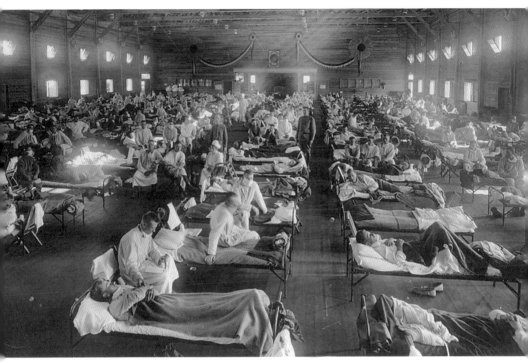

⊛ 스페인독감에 감염된 군인들(미국 캔자스)

742만 명이 스페인독감에 감염되었고 그중 14만여 명이 사망했다. 당
시 우리나라에서는 이를 '무오년 독감'이라고 불렀다.

왜 이처럼 많은 사망자가 발생했을까? 스페인독감바이러스는 다른
인플루엔자바이러스에 비해 독성이 3,000배나 강하다는 것이 미국 과
학자들에 의해 밝혀졌고, 이렇게 독성이 강한 구체적인 원인을 연세대
학교와 건국대학교 등 공동 연구팀이 밝혀냈다.[1] 이 연구팀에 따르면 스

페인독감바이러스의 특정 아미노산 서열에 변이가 생겼고 이 변이로 인해 바이러스가 환자 몸의 면역력을 떨어뜨려 독성이 강하게 되었다는 것이다.

여기서 중요한 것은 문제가 되는 단백질의 아미노산 두 개다. 스페인독감바이러스의 'PB1-F2'라는 단백질을 구성하는 68번째와 69번째 아미노산에 문제가 있었다. 이 아미노산과 관련된 염기 서열에 돌연변이가 생겨 바뀌어 있다는 것을 발견했던 것이다. 이와 같은 스페인독감바이러스의 변이 연구는 앞으로 신종 감염병의 백신과 치료제 개발 등에 이용될 수 있어 중요하다.

☀ 실험실에서 만든 스페인독감바이러스

미국 위스콘신 대학교의 가와오카 요시히로 교수팀이 치사율이 50퍼센트가 넘는 치명적인 조류독감바이러스 H5N1을 인위적으로 만드는 데 성공했다.[2] 이 연구팀은 조류도감바이러스가 돌연변이를 일으키도록 인위적으로 조작해서 만들었는데, 이처럼 치명적인 바이러스가 테러리스트에게 악용될 위험이 있다며 '생물 안보를 위한 국가자문위원회(NSABB)'는 연구 결과를 발표하지 말라고 요청했다. 그러나 그 연구 결과가 2012년에 〈사이언스〉에 게재되었고 큰 파장을 일으켰다.

이후 2014년 가와오카 교수팀은 또 다른 연구 결과를 발표하여 세상을 놀라게 했다. 바로 1918년에 세계적 참사를 가져온 스페인독감바이러스를 인공적으로 만드는 데 성공한 것이다. 이 연구팀은 자연계에 존재하는 여러 조류독감바이러스의 유전자를 재조합해 스페인독감 바이러스를 인위적으로 만들었고, 그 연구 결과를 학술지에 논문으로 발표했다.[3]

RNA 바이러스에 속하는 조류독감바이러스는 유전자의 일부가 다른 것으로 바뀌는 돌연변이가 쉽게 일어날 수 있다. 이 연구팀이 인위적으로 만든 스페인독감바이러스는 원래의 스페인독감바이러스와 비교했을 때 아미노산이 3퍼센트 정도만 차이가 났다. 이 연구팀은 이처럼 3퍼센트 정도의 차이로 인위적으로 만든 바이러스의 감염 능력과 치사율이 원래 스페인독감보다 낮다고 설명했다.

천연두와 에볼라
핵폭탄보다 무서운 생물무기

인류 역사상 가장 무서운 감염병을 꼽으라면 천연두와 에볼라바이러스병일 것이다. 이 두 가지 감염병 모두 치사율이 매우 높다. 그런데 천연두는 인류의 노력에 의해 1980년에 박멸되어 더 이상 자연 감염자가 발생하지 않는다. 이렇게 천연두는 지구상에서 사라졌다고 생각했다.

그런데 2002년 당시 미국의 부시 대통령은 천연두 백신 접종을 하기로 결정하고 미군 장병과 의료 종사자에게 백신 접종을 하라고 지시했다. 또한 2007년 FDA는 미국 사노피파스퇴르가 개발한 새로운 천연두 백신(ACAM2000)을 허가했다. 분명 1980년 세계보건총회에서 천연두 종식을 선언했는데 어찌된 일일까? 바로 천연두 생물무기의 위협 때문이었다. 이뿐만 아니라 에볼라바이러스도 생물무기로 개발되고 있는 실정이다.

☀ 천연두 생물무기의 위협

전 세계에서 자연 감염에 의한 마지막 천연두 환자는 1977년 소말리아에서 발생했다. 그 이후 어떤 일이 벌어졌는지에 관해 미국 질병통제예방센터는 다음과 같이 설명하고 있다.[1]

1977년 이후 지금까지 자연 감염에 의한 환자는 한 명도 발생하지 않고 있다. 그런데 1978년 영국 버밍엄에서 자연 감염이 아닌 실험실에서의 천연두 감염 환자가 2명 발생했다. 버밍엄 의대에서 천연두 연구를 진행하던 실험실에서 2명이 감염되는 사건이 발생했고, 안타깝게도 그중 한 명이 1978년 9월에 사망했다.

이 사건 이후 비밍엄 의대에 보관된 천연두바이러스는 안전을 위해 WHO가 지정한 두 군데의 연구실로 옮겨졌다. 미국 애틀랜타에 있는 질병통제예방센터와 러시아 코소보에 있는 국립바이러스 및 생명공학연구소다. 두 곳 모두 생물안전등급 4등급(BSL-4) 연구 시설을 갖춘 곳이다. 생물안전등급 4등급은 가장 위험한 바이러스를 보관하고 연구할 수 있는 시설을 갖춘 곳으로 연구원들이 우주복과 같은 실험복을 입고 실험한다. 또한 천연두 종식 선언 이후 1984년까지 천연두바이러스를 보관하던 영국과 남아프리카공화국은 천연두바이러스를 처분했고 이후 더 이상 보관하지 않고 있다.

이에 따라 미국 질병통제예방센터와 러시아의 국립바이러스 및 생명공학연구소 단 두 곳만 전 세계에서 공식적으로 천연두바이러스를 보관했다. 그러나 비공식적으로 테러 집단이나 어느 나라에서 몰래 보관

⊕ 방독면을 쓴 군인들이 생물무기 테러에 대비하는 훈련을 하고 있다.

할 수도 있어 혹시라도 생물무기로 사용되지나 않을지에 대한 두려움
이 가시지 않았다.

이에 1986년 WHO는 위험한 천연두바이러스를 파괴하라고 권고했
다. 그러나 미국과 러시아는 천연두바이러스의 파괴에 반대했다. 결국
2002년 세계보건회의에서 특정 연구 목적으로 천연두바이러스 표본을
미국과 러시아가 임시로 보유하는 것을 허가했다. 지금도 미국과 러시
아는 천연두바이러스를 보관하고 있다.

이처럼 위험한 천연두바이러스를 폐기해서 없애야 한다는 주장과 과
학 연구와 새로운 백신이나 항바이러스제 개발을 위해 천연두바이러스
를 보존하여 활용해야 한다는 주장이 여전히 맞서고 있는 실정이다.

2001년 9월 11일 미국 뉴욕의 세계무역센터 쌍둥이 빌딩이 항공기

납치 자살 테러로 무너졌다. 알카에다의 소행으로 밝혀진 9·11 테러는 군사력이 막강한 미국도 테러로부터 안전하지 않다는 것을 보여준 사건이었다. 이 사건으로 테러 집단의 공격에 대한 공포가 커졌고 미국은 보다 강력한 대비책을 마련하기에 이르렀다.

9·11 테러를 겪은 직후 미국은 탄저균이 들어 있는 우편물이 배달되어 5명이 사망하는 생물학 테러를 겪었다. 그리고 테러 집단이 천연두 바이러스를 생물무기로 사용할 가능성도 있는 상황이었다. 이에 2002년 당시 미국 부시 대통령은 천연두 백신 접종을 하기로 결정했다. 부시 대통령은 우선적으로 50만 명의 미군 장병과 50만 명의 의료 종사자에게 백신 접종을 하도록 했으며, 일반 국민도 원하면 백신 접종을 받도록 했다.

공식적으로 천연두 종식이 선언된 지 40년이 넘었기 때문에 천연두

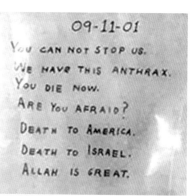

◎ 미국은 9·11 테러 직후 탄저균이 들어 있는 우편물로 생물학 테러를 겪었다.

백신을 접종받아 몸에 천연두에 대한 면역력이 있는 사람은 지구상에는 거의 없다. 사실 천연두가 박멸되었으니 백신 접종이 필요없어서 지난 수십 년 이상 백신 접종을 하지 않은 것이다. 그런데 최근 천연두가 생물무기로 사용될 수 있으리란 위협이 공포로 다가오고 있다. 백신 접종을 하지 않아 면역력도 없는데 그 무서운 천연두가 무기로 사용되어 어느 지역에 퍼지게 된다면 그 지역 사람들이 몰살되지 않을까 하는 공포가 몰려온다.

☀ 2019년 천연두와 에볼라 보관 연구소의 폭발 사고

앞에서 말했듯이, 공식적으로 세계에서 천연두바이러스를 보관하고 있는 곳은 딱 두 곳이다. 그런데 2019년 9월 천연두바이러스를 보관하고 있는 러시아의 생명공학연구소에서 폭발 사고가 발생했다. 전 세계 언론은 속보로 이 소식을 전하며 보관 중인 천연두바이러스가 유출된 것은 아닌지 우려했다.

당시의 보도에 따르면 코소보에 있는 국립바이러스 및 생명공학연구소의 벡터 실험실에서 가스통이 폭발해 화재가 발생하고 창문들이 날아가 버렸으며, 한 명이 3도 화상을 입고 병원으로 옮겨져 치료를 받았다고 한다. 그러나 코소보 시장은 이 사건으로 인한 생화학 유출 같은 별다른 위험은 없다고 강조했다.

이 생명공학연구소는 천연두바이러스뿐만 아니라 에볼라바이러스, 돼지독감바이러스, 조류독감바이러스 및 인간면역결핍바이러스(HIV)

등 매우 위험한 바이러스들을 보관하고 있다. 이 연구소는 2004년 에 볼라바이러스를 이용해 실험하던 연구원 한 명이 실수로 주삿바늘에 찔려 사망하는 사고가 발생하기도 했다.

☀ 천연두 생물무기를 개발한 나라들

몇백 년 전에는 지금과 같은 최첨단 무기들이 없었기 때문에 천연두 같은 질병을 적군에게 퍼뜨려서 살상하는 만행을 저질렀다고 생각할 수 있다. 이와 달리 요즘에는 항공모함과 전투기가 있고 각종 미사일과 전차가 있어 옛날처럼 천연두 같은 질병을 무기로 사용하지 않을 것이라고 생각할 수도 있다. 그러나 천연두 같은 무서운 질병을 전쟁에서 무기로 사용한다면 그 위력은 핵무기에 견줄 만큼 위협적이다.

제2차 세계대전 중에 영국, 미국, 일본 등의 여러 나라에서 천연두를 생물무기로 사용하기 위한 연구를 진행했다. 대표적으로 일본의 731부대가 천연두를 생물무기로 사용하기 위한 연구를 진행했다.

옛 소련은 1947년 자고르스크에 천연두 무기화 공장을 세웠으며, 1971년 아랄해의 섬에서 실험 중이던 무기화된 천연두 누출 사건이 발생하기도 했다. 그러나 당시에 전 세계적으로 천연두 백신이 보급되고 많이 접송하면서 생물무기로서의 가공할 위력이 약해져 천연두를 생물무기로 대량 생산하지는 않았다. 또 옛 소련은 1970년대 말부터 에볼라바이러스를 생물무기로 사용하기 위한 연구를 비밀리에 시작해 35년 동안이나 진행했다.[2] 인류 역사상 가장 무섭고 치사율이 높은 감염병인 에볼라바이러스병을 생물무기로 사용하기 위해 연구하는 자체에도 큰 위험이 따른다. 1996년 에볼라 혈청 실험을 하던 연구원이 손이 베여 에볼라에 감염되어 죽는 일이 발생했다. 2004년에도 에볼라 실험을 하던 연구원이 주삿바늘에 찔리는 바람에 감염되어 죽는 사고가 발생했다. 이처럼 위험한 에볼라바이러스를 생물무기로 사용하기 위한 연구가 러시아에서 오랫동안 진행되었지만, 에볼라바이러스의 안정성이 떨어져 실제로 생물무기로 개발이 완성되지 않은 것으로 추측하고 있다.

미국 의회는 생물무기를 보유하고 있을 것이라고 추정되는 나라로 러시아, 이란, 북한 등 9개국을 거론했다. 앞서 잠깐 언급했듯이, 제2차 세계대전 중인 1936~1945년 일본의 731부대에서 3,000명 정도에게 페스트·콜레라 등 여러 바이러스를 투여한 인체 실험을 진행했다. 1942년 옛 소련은 스탈린그라드 전투에서 독일군 진영에 야토병균을 살포했던 것으로 추정된다. 1942년 영국은 제2차 세계대전 중 스코틀랜드 그뤼나드섬에서 탄저균 폭탄 실험을 진행했고 이후 50년간 섬이 폐쇄되었다. 1979년 옛 소련 스베르들로프스크의 생화학무기 시설에서 탄저균이 누출되어 인근 주민 68명이 사망하는 사건이 발생했다. 1980년대 초 미국은 이란-이라크 전쟁에서 이라크에 탄저균 – 클로스트리디움균 등을 지원했다.

☀ 우리나라에도 천연두 생물무기의 위협이 있을까

천연두 생물무기에 대한 위협은 우리나라에도 중요한 문제다. 천연두 바이러스 10그램이 서울에 뿌려진다면 10일 이내에 서울 인구의 절반이 감염될 것이라고 전문가들은 주장한다. 천연두는 이렇듯 여전히 생물무기로서 위협적이다. 따라서 2001년 우리나라는 천연두를 법정 전염병으로 지정하여 관리하고 있으며, 천연두가 생물무기로 사용될 위협이 존재하기 때문에 이에 대비하여 천연두 백신을 비축하고 있다.

특히 천연두가 종식된 이후에 태어난 세대들은 백신 접종을 하지 않았기에 천연두에 대한 면역력이 없어 위험에 노출되어 있다고 전문가들은 경고한다.

생물무기
이 위협을 어떻게 막을 수 있을까

21세기를 살아가고 있는 우리는 생물무기의 위협 속에서 일상생활을 이어가고 있다. 지난 20세기에 핵무기의 공포를 느낀 세계 많은 나라가 핵무기의 개발과 확산 등을 막기 위해 여러 노력을 해왔다. 드디어 2017년 유엔총회에서 122개국의 찬성으로 핵무기금지조약이 통과되었다. 이는 핵무기의 포괄적 금지를 요구하는 최초의 조약이다.

그럼 생물무기의 위협으로부터 벗어나려면 어떻게 해야 할까? 무조건 생물무기를 개발하지 말라고 금지하면 될까? 좀 더 근본적이고 실제적인 생물무기 문제의 해결책이 필요한 때다.

☀ 생물무기에 대한 대책들

전 세계적인 생물무기의 위협에 대한 대책은 크게 세 가지로 구분할 수 있다. 첫째는 생물무기를 만들지 못하도록 금지 협약을 제정해 규제하는 것이다. 둘째는 생물무기로 사용될 위험이 있는 감염병을 예방할 수 있는 백신을 개발하여 필요할 때 적절히 사용하는 것이다. 셋째는 생물무기 사용으로 많은 감염병 환자가 발생할 때 이들을 치료할 수 있는 치료제를 개발해 적절하게 사용하는 것이다.

유엔총회에서 생물무기금지협약(BWC)을 제정하여 통과되었고, 1975년부터 발효되었다. 2020년 현재 이 협약에 174개국이 가입해 있다. 따라서 이 협약에 가입한 나라들은 공개적으로 생물무기 연구를 할 수 없다. 그러나 테러 집단이나 일부 국가에서는 비밀리에 생물무기를 연구하여 개발하고 있는 것으로 알려져 있다.

2003년 10월 스위스 제네바에서 천연두 생물안전 학술대회가 개최되었다. 이 학회는 천연두 백신 제조회사가 후원했으며 천연두 백신을 연구하는 과학자들이 모여서 연구 결과를 발표하며 토론을 이어갔다. 이처럼 천연두 종식 선언 이후에도 천연두 백신 연구·개발이 활발하게 진행되고 있다.

실제로 생물무기 공격에 대비하기 위해 각 나라마다 일정량의 백신을 미리 확보·보관하고 있다. 2011년 언론 보도에 따르면 미국과 일본은 전 국민의 70~100퍼센트가 접종할 수 있는 분량의 백신을 확보하고 있고, 우리나라는 약 14퍼센트의 분량을 비축하고 있다. 또한 주한미군은 2004년부터 천연두 백신과 탄저균 백신을 접종해오고 있다고 한다.[1]

☀ 현대 천연두 백신

종두법이 세계적으로 널리 사용된 이후 백시니아 바이러스(Vaccinia virus)를 이용한 백신이 개발되어 사용되었다. 백시니아 바이러스는 우두바이러스와 천연두바이러스의 우연한 교잡으로 만들어진 바이러스다. 다시 말해 자연계에 생물 숙주가 있는 것이 아니라 실험실에서 만들어진 것이다. 백시니아 바이러스를 백신으로 사용하여 접종하면 천연두에 대한 면역력이 생기고 좀 더 안전하게 이용할 수 있다는 장점이 있다.

천연두 백신을 100명에게 접종하면 95명 정도가 천연두에 감염되지 않는 예방 효과가 있다. 그리고 1950~1960년대 조사에 따르면 유럽에서 천연두 백신을 접종받은 사람의 천연두 치사율은 1.3퍼센트였고, 천연두 백신을 접종한 지 20년이 지난 후의 치사율은 11퍼센트였다고 한다. 이는 그 당시 백신 접종을 하지 않은 사람의 치사율 52퍼센트에 비하면 상당히 낮은 수치로, 천연두 백신 접종의 효과를 분명히 알 수 있는 조사 결과였다.

전 세계적인 백신 접종으로 천연두는 북아메리카에서는 1952년에, 유럽에서는 1953년에, 남아메리카에서는 1971년에 박멸되었다. 이처럼 천연두가 박멸되자 차츰 천연두 백신 접종도 사라졌다. 미국은 1972년 아동을 대상으로 한 천연두 백신 접종을 중단했고, 유럽은 1970년대 중반에 백신 접종을 중단했다. 또한 1980년 세계보건총회에서 천연두 종식을 선언한 후 1986년 전 세계 모든 나라에서 천연두 정기 백신 접종이 중단되었다.

☀ 2019년에 허가받은 천연두 백신

천연두 생물무기에 대한 대비책으로 안전하고 효과 좋은 천연두 백신을 만들어 충분한 양을 비축해두고 필요할 때 사용하는 것이다.

FDA는 홈페이지에서 중요한 천연두 백신 세 가지를 다음과 같이 설명하고 있다. 첫 번째 백신은 천연두 종식 선언 이전에 사용했던 것으로, 미국 와이어스 레버러토리가 만든 '드라이백스(Dryvax)' 백신이다. 이 백신은 1944년에 허가를 받아서 천연두가 종식될 때까지 사용되었다.

두 번째 백신은 'ACAM2000'으로 천연두와 관련된 살아 있는 바이러스를 사용한 백신이다. 이 백신은 미국 사노피파스퇴르 바이로직스가 만들었고, 2007년에 허가를 받았다. 이 백신은 가끔 심장이나 뇌에 감염을 일으켜 부작용을 초래할 수도 있다고 알려져 있다.

세 번째 백신은 '진네오스(Jynneos)'라는 백신으로 부작용을 걱정하지 않아도 되는 안전한 백신이다. 따라서 ACAM2000 백신을 접종할 수 없는 사람이나 면역력이 약한 사람은 진네오스 백신을 접종받을 수 있다. 진네오스 백신은 최근에 개발되어 2019년 FDA의 허가를 받았다. 이 백신은 천연두와 원숭이 두창 질환을 예방하기 위한 생백신으로, 덴마크의 바바리안노르딕이 개발했다. 당시 미국 정부는 진네오스 백신을 국가전략 비축물자에 포함시켜 확보했다.

미국 생물의약품첨단연구개발국(BARDA)의 릭 브라이트 국장은 이 백신이 미국 생물무기 방어 및 전 세계 보건 안보를 향상시킬 것이라고 말했다. 현재는 세 가지 천연두 백신 중에 두 번째와 세 번째 백신을 사용하고 있다.

☀ 2018년에 허가받은 천연두 치료제

천연두 생물무기에 대비해 백신뿐만 아니라 치료제도 필요하다. 따라서 최근까지 천연두 치료제 개발이 진행되어왔다. 2018년 FDA의 허가를 받은 최초의 천연두 치료제는 '티폭스(TPOXX)' 또는 '테코비리맷(Tecovirimat)'이라는 항바이러스제다.

티폭스 치료제 이외에도 미국 키메릭스가 개발하고 있는 브린시도포비르가 있다. 브린시도포비르는 2020년 FDA에서 신속 심사 과정이 진행되어 머지않아 허가를 받을 것으로 전망된다.

천연두는 지난 수천 년 동안 많은 사람을 죽음에 이르게 한 감염병이다. 그런데 천연두 종식 선언이 있은 후 수십 년이 지나서야 치료제가 개발되어 허가를 받는 아이러니한 상황이 벌어지고 있다. 이처럼 생물무기의 위협은 현실적이며 우리 곁에 도사리고 있다.

4부

·········

'코로나 일상,'
감염병과의 동거

인수공통감염병
또 다른 신종 감염병 출현의 예보

　원래 동물에게 있던 바이러스나 세균이 사람에게 옮겨와서 병을 일으키는 것을 '인수공통감염병'이라 한다. WHO는 최근 20년 동안 발생한 사람의 신종 감염병 중 60퍼센트 정도가 인수공통감염병이라고 밝혔다. 코로나19, 사스, 메르스, 스페인독감, 에이즈, 신종플루 등이 모두 인수공통감염병이다.

　신종 감염병의 발생은 더욱 많아지고 큰 위협이 되고 있다. 코로나19 대유행 상황에서 경험하는 것처럼 신종 감염병은 단순히 건강과 질병에 관한 문제를 넘어서 우리 생활 전반을 뒤흔들어 놓고 목숨을 위협하고 있다.

✹ 인수공통감염병, 신종 감염병이 되다!

질병관리본부에 따르면 20세기 이후 발생한 신종 감염병의 75퍼센트 이상이 야생동물로부터 발생한 것이다. 바이러스가 변이를 일으켜 원래 있던 동물에서 사람에게 옮겨와 병을 일으킨다. 이러한 인수공통감염병은 전 세계적으로 200여 종인 것으로 알려졌다. 첨단 과학과 의료 기술이 고도로 발달한 최근에도 불쑥불쑥 튀어나오는 신종 감염병을 막지 못하고 있다.

인수공통감염병이란 사람과 척추동물 사이에 상호 전파되는 병원체에 의해서 발생하는 질병이라고 WHO에서 정의한다. 여기서 말하는 척추동물이란 소와 돼지 같은 가축과 야생동물, 개와 고양이 같은 반려동물을 가리킨다.

산업화와 도시화에 따라 인구가 증가하면서 소와 돼지 닭 같은 가축을 대량으로 사육하고 있다. 이로 인해 가축에 있던 병원체가 사람에게 옮겨와 병을 일으킬 가능성이 높아졌다. 그리고 옛날에는 깊은 숲속에 살던 동물과 사람이 직접 접촉하는 기회가 많지 않았지만, 토지 개간과 벌목 등으로 숲을 없애고 개발을 진행하면서 야생동물과의 접촉이 빈번해졌다. 따라서 야생동물에서 사람에게 병원체가 옮겨와 감염되는 사례도 점점 늘어나고 있다.

WHO에서 발표한 연구·개발이 시급한 10대 감염병은 모두 인수공통감염병이다. 예를 들면, 크리미안콩고출혈열, 에볼라 같은 필로바이러스, 사스와 메르스 같은 고병원성 코로나바이러스, 라싸, 니파, 리프

트계곡열, 치쿤구니아열, 지카바이러스, 중증열성혈소판감소증후군, 신종 질환 등이다.

☀ 가축과 관련된 인수공통감염병

인수공통감염병 가운데 가축과 관련된 대표적인 감염병에는 브루셀라증(Brucellosis), 공수병, 큐열(Q fever) 등이 있다.[1]

흔히 광견병이라고 말하는 감염병의 정식 명칭은 '공수병(Rabies)'이다. 그러니까 사람이 이 감염병에 걸리면 '공수병'에 걸렸다고 하고, 동

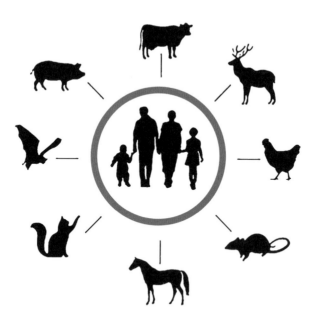

◉ 여러 동물과 사람이 함께 감염되는 인수공통감염병

물이 이 감염병에 걸리면 '광견병'에 걸렸다고 한다. 이 감염병의 원인 병원체는 공수병바이러스(Rabies virus)다. 너구리, 오소리, 여우, 스컹크, 박쥐 등의 야생동물에게 공수병 바이러스가 있을 수 있으며, 야생동 물과 사람의 직접 접촉으로 사람에게로 바이러스가 전염될 수 있다. 또한 이 야생동물들이 개, 고양이, 소 등 가축을 먼저 감염시키고 그후 이 가축들을 통해 사람이 감염될 수도 있다.

공수병바이러스를 가진 야생동물이나 가축이 사람을 물거나 할퀴면 동물의 침 속에 있는 공수병바이러스가 사람의 몸속으로 침투하여 감염된다. 공수병의 증상은 발병 초기에 발열, 두통, 전신 쇠약감 등으로 시작하여 발병 후기에는 급성으로 진행되어 사망에 이른다. 적절하게 치료받지 못하면 치사율이 100퍼센트나 된다.

우리나라에는 1963년 공수병이 법정 감염병으로 지정되었으며, 당시 103명의 환자가 발생했다. 이후 1966년 101명, 1970년 10명, 1984년 1명, 2004년 1명 등의 환자가 발생했다. 다행히 2005년 이후 국내에서 공수병 환자가 발생하지 않고 있다. 공수병은 전 세계적으로 발생하는데, 매년 약 5만 5000명이 사망하는 것으로 추정되며, 그중 95퍼센트가 아시아와 아프리카 농촌 지역에서 발생한다.

브루셀라증을 보자. 브루셀라증은 브루셀라균에 감염되어 발병한다. 1887년 데이비드 브루스(David Bruce)가 원인 병원체(*Brucella melitensis*)를 분리함으로써 이 브루셀라균이 확인되었다. 염소, 양, 낙타, 소, 돼지, 개 등의 가축에 있던 브루셀라균이 사람에게 옮겨와 발병한다. 주로 사람이 살균되지 않은 원유나 유제품을 먹거나 감염된 고기를 덜 익혀서 먹을 때, 또 감염된 가축이 새끼를 유산하거나 출산할 때 양수와 태반 같은 것을 통해서도 감염될 수 있다. 시중에 판매되는 우유는 모두 멸균 처리된 것이기 때문에 감염 걱정 없이 마셔도 된다.

브루셀라증에 걸리면 일반적으로 무증상이 많으며, 급성기 증상으로 발열, 오한, 발한, 두통, 근육통, 관절통 등이 나타난다. 브루셀라증에 감염될 확률이 높은 고위험군은 축산업 종사자, 수의사, 도축장 종사자 등이다. 브루셀라증의 치사율은 1퍼센트 이하다.

우리나라에서 브루셀라증은 2000년에 법정 감염병으로 지정되었으며, 연간 10건 이내로 발생하고 있다. 브루셀라증은 우리나라뿐만 아니라 포르투갈과 스페인 등 지중해 지역 국가들, 멕시코를 비롯한 중남미 국가들, 아시아와 아프리카 및 중동 등 전 세계적으로 발생하는 감염병이다.

다음으로 큐열병을 보면, 큐열병은 큐열균(*Coxiella burnetii*)의 감염으로 발병한다. 1935년 호주 퀸즐랜드에서 처음 발견되었고, 1937년 에드워드 데릭에 의해 원인 병원체가 확인되었다. 이 감염병 발견 초기에 원인 병원균이 무엇인지 알 수 없어서 '의문의 열병'이라는 뜻으로 '쿼리 열(Query Fever)'이라는 이름을 붙였고, 지금은 '큐열(Q Fever)'이라고 부른다.

큐열병의 원인인 큐열균은 포유류, 새, 절지동물, 진드기 등에 있을 수 있으며, 소·염소·양 등과 같은 가축에 의해 사람이 감염될 수 있다.

간혹 개와 고양이 같은 반려동물을 통해서도 감염될 수 있다. 이 균은 주로 호흡기 전파로 감염되는데 감염된 가축의 우유, 대소변, 양수나 태반 등에 의해 발생한 먼지나 에어로졸을 흡입함으로써 감염된다. 따라서 큐열병 고위험군은 축산업자나 수의사와 도축장 종사자 등이다.

큐열병의 증상은 감염자의 절반 정도에서만 나타난다. 급성으로 진행되면 갑자기 고열, 심한 두통, 근육통 등이 생기고 만성으로 진행되면 6개월 이상 지속될 수도 있다. 큐열병의 치사율은 1퍼센트 정도다. 큐열병은 우리나라에서 2006년 법정 감염병으로 지정되었으며, 연간 20명 정도의 환자가 발생했다. 그런데 2015년 이후 환자 발생이 증가하는 추세에 있다. 2017년에 96명의 큐열병 감염자가 발생했고 2018년에는 163명의 감염자가 발생했다.

☀ 늘어가는 인수공통감염병

야생동물에 의한 인수공통감염병이 해가 갈수록 증가하고 있다. 대표적인 예가 바로 에이즈, 스페인독감, 사스, 메르스, 코로나19 등이다.

에이즈라고 부르는 후천성면역결핍증후군(HIV/AIDS)은 1980년대 고등 유인원에서 사람에게 바이러스가 옮겨와 발병했다. 2009년의 신종플루는 돼지에서 사람에게로 바이러스가 옮겨와 발생한 감염병이다.

사스는 박쥐에 있던 바이러스가 사향고양이를 거쳐 사람에게로 왔고, 메르스는 박쥐의 바이러스가 낙타를 거쳐 사람에게로 와서 병을 일으켰다. 에볼라바이러스병은 박쥐에서 사람에게로, 지카바이러스감염증은 원숭이에서 모기를 거쳐 사람에게로 바이러스가 옮겨와서 병을 일으켰다. 코로나19도 박쥐에 있던 바이러스가 매개 동물을 통해 사람에게 옮겨와서 병을 일으켰을 것으로 추정하고 있다.

야생동물이 가지고 있는 바이러스는 대체로 사람에게 옮겨오지 않고 사람에게 병을 일으키지도 않았다. 하지만 사람이 야생동물과 자주 접촉하게 됨으로써 야생동물 있던 바이러스나 변이 바이러스가 사람에게 옮기게 되고, 이후 사람과 사람 간에 전파가 진행되면서 신종 감염병으로 확산되었다.

우리는 2020~2021년 코로나19 대유행을 겪으면서 인류가 자부심을 가지고 자랑했던 첨단 과학기술과 고도로 발달한 의료 체계가 바이러스로 인한 신종 감염병에 얼마나 취약한지를 경험했다.

앞으로도 환경 파괴와 기후변화 및 도시화와 세계화로 인해 새로운 인수공통감염병이 또 다른 신종 감염병으로 우리 앞에 등장하게 될 것이다. 사실 많은 전문가는 더 자주 더 많이 신종 감염병이 우리 앞에 다가올 것이라고 경고하고 있다. 이제 이에 대비한 진지한 고민과 지혜를 모아야 할 때다.

☀ 박쥐는 어쩌다가 바이러스의 온상이 되었을까

앞에서 살펴본 것처럼 많은 신종 감염병을 일으킨 원인 병원체는 박쥐에서 비롯된다. 박쥐는 어쩌다 이런 존재가 되었을까?

박쥐는 지구상에서 무척 흔하고 그 수가 많다. 지구에 5,000여 종의 포유동물이 살고 있는데 그중 약 1,240종이 박쥐종으로 전체의 25퍼센트를 차지한다.

여기서 잠깐! 하늘을 나는 박쥐는, 새처럼 보이지만 조류가 아니라 새끼를 낳아 젖을 먹여 기르는 포유류다. 다른 말로 하면 하늘을 새처럼 날아다니는 유일한 포유류가 바로 박쥐다. 박쥐 중에는 철새처럼 먼 거리로 이동하는 종도 있는데 무려 2,000킬로미터나 날아서 이동하는 박쥐도 있다.

박쥐는 각종 바이러스를 많이 지닌 동물로 유명하다. 숲에서 박쥐가 과일을 먹은 후 소화시키지 못한 부분을 토해낸 것을 다른 동물이 먹기도 한다. 그런데 박쥐가 토해낸 것에는 바이러스가 잔뜩 담겨 있어 토사물을 다른 동물이 먹으면 바이러스도 함께 옮겨간다. 이외에도 박쥐와 직접 접촉하거나 박쥐의 배설물에 접촉하는 것으로도 박쥐의 바이러스가 다른 동물이나 사람에게 옮겨간다. 이와 같은 과정을 통해 박쥐에 있던 사스를 비롯한 여러 신종 감염병 바이러스가 중간 매개 동물을 거쳐 사람에게 옮겨와 병을 일으킨다.

미국 에코헬스얼라이언스의 피터 다스작 연구팀은 동물이 가진 바이러스를 연구한 결과를 〈네이처〉에 발표했는데 여기에 박쥐에 관한 놀라운 내용이 담겨 있다.[2] 이 연구팀은 박쥐가 156종의 인수공통감염병을 일으키는 바이러스를 가지고 있음을 알아냈다. 다시 말해 박쥐가 156종의 바이러스를 가지고 있다는 것이 아니라 박쥐의 바이러스가 사람에게 옮겨와서 감염병을 일으킬 수 있는 바이러스가 156종이나 된다는 뜻이다. 이처럼 박쥐는 사람에게 치명적인 무서운 병을 일으키는 바이러스를 자기 몸에 많이 가지고 있지만 건강하게 살아가고 있는 무섭고 신기한 동물이다. 박쥐 고유의 면역 체계 때문에 이러한 바이러스들이 박쥐에게는 병을 일으키지 않는 까닭이다.

박쥐는 주로 동굴이나 바위틈과 같은 곳에서 살며 어두운 밤에 돌아다닌다. 박쥐가 과일을 먹으며 낮에 활동하는 일부 종도 있지만 대부분의 박쥐는 어두운 밤에 숲속을 비행하며 곤충을 잡아먹으며 산다. 그렇기 때문에 사람이 박쥐와 직접 접촉할 일이 별로 없다.

그런데 깊은 숲속이나 밀림의 울창한 산림을 밀어버리고 넓은 농장이나 목초지를 건설하는 과정에서 평소에 접하기 어려웠던 숲속 야생

🌐 아프리카 가나에서 식용을 위한 박쥐를 포함한 야생동물 고기

동물들과 접촉할 기회가 늘어났다. 또한 자신의 서식지를 잃은 야생동물들이 사람이 사는 마을이나 도시로 내려와 사람과 접촉하는 사례도 늘어나고 있다. 또 일부 나라에서는 살아 있는 박쥐를 잡아서 식용으로 시장에 팔거나 요리해 먹기 때문에 직접적으로 박쥐와 사람이 접촉해 바이러스가 옮겨가기 쉬운 상황이 되기도 한다. 이와 같은 이유로 박쥐를 포함한 여러 동물들로 인한 인수공통감염병이 증가하고 있다.

❀ 왜 인수공통감염병이 증가할까

이처럼 전 세계적으로 인수공통감염병이 증가하는 원인에는 여러 가지가 있다. 미국의학원은 인수공통감염병이 증가한 주요 원인으로 일곱 가지를 지목했다. 지구온난화와 같은 환경의 변화, 해외여행 증가와 같은 인간 행태의 변화, 도시화와 같은 사회적 요인의 변화, 음식의 대량 생산·소비에 의한 식품에 관련된 변화, 항생제 남용과 같은 보건·의료에 관련된 변화, 병원체의 적응과 변화에 관련된 요인, 공중보건활동의 감축 등이다.

산업화와 개발이 진행되면서 사람들이 숲속 깊은 곳에 사는 동물들과 직접 접촉하는 사례가 많아졌다. 이에 따라 숲속 야생동물에게 있던 바이러스와 병균이 사람에게로 옮겨와 병을 일으키는 일도 늘어났다. 현재 매년 수십억 마리의 야생동물이 불법으로 거래되고 있는 것으로 추정되고 있다. 또한 닭과 돼지 같은 가축들도 예전에 비해 좁은 공간에서 대량으로 밀집 사육되고 있다. 이와 같은 가축의 대량 사육도 인수공통감염병의 발생을 부추기는 원인이 되고 있다.

세계 인구가 증가하고 있을 뿐만 아니라 많은 사람이 도시에 모여서 밀집된 생활을 하고 있다. 2000년 약 61억 명인 전 세계 인구는 2050년에는 100억 명이 될 것으로 전망된다. 또한 50년 전만 해도 전 세계 인구의 3분의 1 정도가 도시에서 살았는데, 지금은 절반 이상이 도시에 모여 살고 있다. 따라서 감염병이 발생하면 사람들 사이에서 쉽고 빠르게 확산될 가능성이 높아졌다. 이는 실제로 사스와 코로나19 사태를 겪으면서 현실적으로 경험하는 중요한 문제다.

기차와 비행기 등 교통수단이 발달한 요즘에는 많은 사람이 도시와 도시, 나라와 나라 사이를 쉽고 빠르게 오고 간다. 이와 같은 교통의 발달로 감염병의 확산도 매우 빠르게 일어난다. 2003년 사스에 감염된 사람이 홍콩의 호텔에 투숙한 지 사스는 일주일 만에 7개국으로 확산되었다. 또한 2019년 12월 중국에서 시작된 코로나19는 몇 달 만에 중국 전역과 세계 각국으로 빠르게 확산되었고 급기야 2020년 3월 11일에 코로나19 대유행이 선언되었다. 이후 몇 달 만에 지구상의 거의 모든 나라로 코로나19가 퍼졌다.

지구온난화로 인한 자연생태계의 변화도 인수공통감염병이 증가하는 주요 원인 중 하나다. 지구가 전체적으로 예전보다 더 따뜻해지고 비가 많이 오는 기후로 변함에 따라 모기와 같은 병을 옮기는 동물이 늘어나고 숲이나 바다의 많은 생물의 환경이 변했다. 이에 따라 병을 일으킬 수 있는 위험한 바이러스를 가진 야생동물이나 바이러스를 사람에게 전달하는 중간자 역할을 하는 매개 동물이 사람과 접촉하는 일이 더욱 빈번해졌다. 이와 같은 상황을 보더라도 지구 환경을 보호하고 지키는 실천이 숲속의 동물뿐만 아니라 인류의 생존을 위해서도 중요하다는 것을 알 수 있다.

우리나라에서는 인수공통감염병을 적극 대처하기 위해 「국가 인수공통감염병 관리계획」(2019~2022)을 작성해 관계 부처 합동으로 2019년에 발표했다. 야생동물이나 가축 등으로 인한 감염병은 환자 치료의 문제를 넘어서 다양한 분야에서 국민의 삶에 위협이 되고 있다. 따라서 정부에서 사람 –동물 – 환경에 대해 통합적으로 접근하는 '원 헬스(One Health)' 전략으로 인수공통감염병을 관리하려는 목적이다. '원 헬스'란 사람과 동물 및 환경이 하나로 서로 연결되어 있다는 인식에 기초하고 있다. 사람과 동물이 모두 하나의 지구 자연생태계 안에서 함께 살아가고 있기 때문에 이러한 관점에서 통합적으로 해결책을 모색하려는 시도다. 이러한 노력이 결실을 맺어 푸른별 지구에 살아가는 다양한 생물이 모두 건강하게 지낼 날을 기대해본다.

신종 바이러스의 위협
피할 수 없으면 슬기롭게 대비하라!

"바이러스가 뭐예요?" 얼마 전까지는 이런 질문을 받으면 컴퓨터 바이러스를 먼저 떠올렸다. 최근에는 코로나19 때문에 생물학적 바이러스의 공포가 떠오른다.

바이러스, 누구나 학창 시절 생물 수업에서 바이러스에 대해 배웠고 감기나 독감 같은 병을 일으키는 원인이라고 알고 있다. 그러나 바이러스가 뭐냐는 질문을 받으면 설명하기가 쉽지 않다. 그저 '세균처럼 작고 병을 일으키는 것' 정도의 설명에서 멈추기 쉽다. 사실 과학을 전공한 과학자라 하더라도 생물학을 전공한 사람이 아니면 자세히 설명하기가 쉽지 않다.

☀ 박테리아와 바이러스의 차이

박테리아와 바이러스는 모두 너무 작아서 눈에 보이지 않고, 여러 가지 병을 일으킨다고 알려져 있어서 혼동하기도 한다. 그러나 과학적으로 들여다보면 둘은 아주 큰 차이가 있다.

박테리아는 대장균이나 살모넬라 같은 세균이다. 또한 박테리아는 세포가 하나뿐인 단세포생물이지만 엄연히 살아 있는 생명체다. 따라서 박테리아는 자기가 가고 싶은 곳으로 스스로 움직이고, 먹고 싶은 것을 먹으며, 후손도 스스로 남겨 증식한다.

그러나 바이러스는 스스로 할 수 있는 것이 거의 없다. 스스로 혼자서 살아갈 수 있는 생명체가 아니다. 바이러스는 반드시 다른 동물이나 식물 또는 박테리아의 세포 속으로 들어가야만 증식하여 후손을 남길 수 있다. 이렇게 바이러스가 들어가는 동물이나 식물 또는 박테리아를 숙주라고 한다. 단순히 말하면, 바이러스는 DNA나 RNA 같은

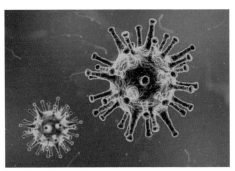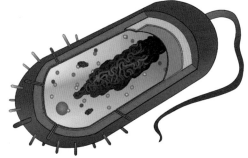

🦠 그림으로 묘사한 바이러스(왼쪽)와 박테리아(오른쪽)

유전물질과 그것을 둘러싸고 있는 단백질로 구성된 무생물 물질 덩어리라고 할 수 있다.

☀ 미생물이 병을 일으킨다?!

미생물이란 말 그대로 작은 생물체로 박테리아, 바이러스, 곰팡이 등을 가리킨다. 이들은 너무 작아서 맨눈으로는 자세히 봐도 보이지 않는다. 모든 미생물이 사람에게 병을 일으키는 것은 아니다. 병을 일으키는 미생물을 '병원체'라고 한다. 바이러스, 박테리아, 기생충, 원생생물 등이다.

🌀 위험한 미생물 배양 실험

바이러스가 동물이나 식물의 세포에 침투하여 증식하는 과정에서 다양한 종류의 감염병을 일으킨다. 예를 들어 에이즈, 사스, 메르스, 에볼라바이러스병, 코로나19 등 무서운 감염병을 일으키는 원인 병원체가 바이러스다. 또한 환절기에 자주 걸리는 감기도 바이러스 감염의 일종이다.

그렇다고 모든 바이러스

가 병을 일으키는 것은 아니다. 식물만 감염시키는 바이러스가 있고 박테리아만 감염시키는 바이러스도 있다. 이들은 사람에게 전염되지 않고 해를 끼치지 않는다. 또한 2019년 중국을 넘어 북한을 지나 우리나라에까지 옮겨와서 난리가 난 아프리카돼지열병도 바이러스(ASFV)에 의해 감염된 감염병이다. 그런데 아프리카돼지열병이 돼지에게는 치사율 100퍼센트에 이르는 치명적인 병이지만 사람에게는 병을 일으키지 않는다. 이처럼 모든 바이러스가 해로운 것이 아니며 동물에게 병을 일으키더라도 사람에게 병을 일으키지 않는 것도 있고 그 반대의 경우도 있다.

바이러스와 박테리아가 사람을 전염시켜 병을 일으키는 과정을 네 단계로 구분해 설명할 수 있다. 첫째, 동물에게 있던 바이러스가 사람에게 옮겨와서 전염되는 단계, 둘째, 감염된 사람이 다른 사람에게 바이러스를 옮기는 사람 간 전파가 진행되는 단계, 셋째, 감염된 환자의 가족과 의료진이 감염되는 단계, 넷째, 지역사회로 대규모 감염이 확산되는 단계다. 이 중에서 첫째나 둘째 단계에서 감염병의 확산을 방지하는 것이 매우 중요하다. 코로나19 대유행 상황에서 겪었듯이 대규모 전파가 일어난 후에 확산을 방지하기란 매우 어렵다.

☀ 세포를 공격하는 바이러스 연구

바이러스가 사람에게 병을 일으키는 중요한 과정과 원리가 밝혀진 것은 그리 오래되지 않았다. 더욱이 바이러스가 사람 몸의 세포 속으로 어떻게 침투하는지에 대해서 알게 된 것은 훨씬 더 최근의 일로, 과학의 발달로 바이러스에 관해 많은 것이 밝혀졌다. 특히 바이러스가 어떤 과정을 통해 인체 세포에 부착하고 숙주세포 내에서 유전물질을 이용하여 증식하며 병을 일으키는지에 관한 자세한 원리를 아는 것은 백신과 치료제 개발에 매우 중요하다.

미국 프린스턴 대학교 연구팀은 바이러스가 세포 표면에 어떻게 부착하는지에 관한 연구를 했다.[1] 이 연구팀은 바이러스와 크기가 비슷한 나노 입자의 표면에 바이러스 표면에 있는 펩티드(HIV1-Tat)를 붙인 후, 이 나노 입자가 세포 주변에서 어떻게 움직이며 세포 표면에 어떻게 붙어서 안으로 들어가는지에 대해서 3차원 영상으로 조사하는 연구를 진행했다. 표면이 불규칙한 세포 주변을 나노 입자가 빠른 속도로 돌아다니다가 세포막에 부딪혀서 튕겨나가거나 왔다 갔다 하는 모습이 영상으로 관찰되었다.

이 연구를 통해 바이러스 감염 과정에서 일어나는 바이러스와 세포 사이의 상호 작용을 이해하게 되었다. 즉, 바이러스가 사람이나 동물 세포 주변을 돌아다니다가 우연히 세포에 부딪혀 세포막을 뚫고 들어가는 것이 아니라 정교하게 설계된 방식에 따라 세포 속으로 침투해 들어간다는 것을 알게 되었다. 사람이나 동물의 세포 표면에는 세포 수용체 단백질이 있는데, 바이러스 표면의 펩티드가 세포 표면의 수용체에 달라붙은 후 바이러스의 유전물질(DNA 또는 RNA)이 세포 속으로 들어가는 것이 관찰되었던 것이다.

224

최근 바이러스가 사람 몸의 세포에 어떻게 부착하는지, 뿐만 아니라 그 이후에 세포 속에서 어떤 생화학 반응이 일어나는지 하나하나 자세히 밝혀지고 있다. 이러한 바이러스 감염에 관한 연구 결과는 여러 신종 감염병의 감염 예방과 치료를 위한 의료 기술 개발에 중요하게 사용되고 있다.

백신
감염을 막아주는 든든한 갑옷

이런 말이 있다. "훌륭한 의사는 병을 잘 고치고, 최고의 명의는 병이 생기지 않도록 해준다." 옛날엔 귀신이 천연두 같은 무서운 감염병을 가져온다고 믿거나 별들의 움직임이 이상해져서 흑사병이 생겼다고 믿기도 했다. 요즘 이런 미신적인 믿음을 갖는 사람은 없을 것이다. 이미 과학적으로 바이러스와 세균에 전염되어 감염병이 생긴다는 것이 밝혀졌으니까. 또한 이러한 감염병을 미리 예방할 수 있는 방법들도 개발되었으며, 미리 백신을 접종받아 몸속에 그 감염병의 원인이 되는 바이러스와 세균에 대한 저항력을 갖는 방법도 개발되어 있다.

인류 역사를 돌이켜보면 최소한 수천 년 전부터 천연두를 비롯한 여러 감염병이 인류와 함께하며 많은 사람의 생명을 앗아갔다. 이러한 감염병을 예방할 수 있는 백신이 개발된 것은 불과 200년도 되지 않는다.

그렇지만 백신의 개발과 접종으로 인류는 많은 감염병으로부터 안전을 보장받을 수 있게 되었다. 마치 든든한 갑옷처럼 말이다.

☀ 인두법, 세계 최초의 천연두 예방법

천연두를 종식시키는 데에 백신이 가장 큰 기여를 했다. 보통 제너가 만든 종두법이 천연두를 예방하기 위한 최초의 예방법이라고 생각하기 쉬운데, 그 이전에 이미 중요한 예방법이 있었다. 바로 '인두법(Variolation)'이다. 제너의 종두법은 소가 감염되는 우두(Cowpox)를 일으키는 우두바이러스가 들어 있는 물질을 사람에게 접종해 천연두에 면역력을 갖도록 한다. 그러나 인두법은 친연두바이러스를 건강한 사람에게 일부러 주입해 면역력을 갖도록 하는 방법이었다. 요즘 상식으로 보면 도저히 이해할 수 없는 방법이지만 옛날에는 인두법을 사용해야만 했던 이유가 있었다.

인두법은 천연두에 걸린 사람의 병원체(천연두바이러스)가 들어 있는 물질을 가져와 다른 사람에게 주입하여 감염시킴으로써 면역력을 갖게 하는 예방법이다. 주로 천연두에 걸린 사람의 옷을 가져와서 입거나 환자 몸의 고름을 접종하는 방식이 사용되었다. 이러한 인두법을 요즘의 백신 용어로 표현하면 '약독(弱毒) 백신'과 비슷하다. 병원에서 접종하는 백신 중에는 죽은 병원체를 사용하는 것도 있지만 소량의 살아 있는 병원체를 사용하는 것도 있다. 이처럼 인두법은 살아 있는 천연두바이러스를 환자에게서 가져와 건강한 사람에게 주입하는 방법이다.

인두법은 살아 있는 천연두바이러스를 사람의 몸속에 주입하는 방법이라 천연두에 감염되어 심하게 아프거나 목숨을 잃을 수 있는 위험성도 있다. 그러나 100명의 건강한 사람에게 인두법을 시행한 결과 그중 98명은 죽지 않고 천연두의 면역력을 갖게 되었고, 나머지 2명 정도가 사망했다고 한다. 이처럼 인두법을 시행했을 때의 치사율은 2퍼센트 정도였다. 이는 천연두의 치사율인 30퍼센트보다 훨씬 낮아 중국뿐만 아니라 우리나라를 포함한 여러 나라로 확산되어 많이 사용되었다.

인두법은 중국에서 16세기에 널리 사용되었고, 오스만 제국으로 전파되었다. 이후 메리 워틀리 몬터규(Mary Wortley Montagu)가 오스만 제국에서 인두법을 관찰하고 기록한 후 영국으로 돌아와서 인두법을 전했다. 이로써 1718년부터 영국에서 인두법이 많이 시술되었고, 1796년 에드워드 제너가 종두법을 개발하기 전까지 사용되었다.

인두법은 인도, 아프리카 등에도 전파되어 오랫동안 사용되었다. 또한 우리나라에도 인두법이 전해졌고, 선교사로 우리나라에 온 호러스 알렌(Horace Allen)이 1880년대 인두법을 시술받은 사람이 100명 중 60~70명 정도라고 기록할 만큼 많이 시행되었다. 이후 제너의 종두법이 우리나라로 전해지면서 위험성이 있는 인두법 대신 종두법이 널리 시행되었다.

☀ 종두법, 세계 최초의 천연두 백신

감염병을 예방하는 백신이 세계 최초로 만들어진 것은 1796년 에드워드 제너에 의해서다. 제너는 종두법이라는 천연두 백신을 처음 개발했는데, 이로부터 184년 후인 1980년 5월 세계보건총회는 천연두 종식을 선언했다. 지난 수천 년 동안 여러 나라에서 수많은 사람을 죽게 만든 공포의 전염병이었던 천연두가 백신 개발로 200년도 안 되어 종식된 것이었다. 이 놀라운 사건의 시작은 이렇다.

영국 시골에서 암소의 젖을 짜는 소녀들은 천연두에 걸리지 않았다. 이러한 광경을 지켜보던 에드워드 제너는 신기하게 생각했다. 그는 단지 신기한 일이라는 생각에서 그친 것이 아니라 좀 더 세심하게 그 상황을 지켜보고 분석했다.

우두는 소가 걸리는 병으로 우두에 걸린 소와 접촉하는 사람도 감염되어 걸릴 수 있다. 우두에 걸린 소는 젖에 가벼운 수포가 생기고 몇 주 동안 콧물을 흘리며 아프다가 낫고 죽지는 않았다. 이 우두에 걸린 소의 젖을 짜던 소녀는 소로부터 우두가 옮아서 수포가 생기고 가벼운 증상으로 조금 앓다가 자연스럽게 금세 나았다. 그런데 신기하게도 우두에 한번 걸렸다가 나은 소녀는 천연두에 걸리지 않았다. 제너가 살던 당시에는 왜 이런 일이 생기는지 과학적으로 자세히 알지 못했다.

요즘의 과학 지식으로 설명하면 이렇다. 소가 걸리는 우두를 일으키는 바이러스는 천연두바이러스와 유사하지만, 우두는 천연두와 달리 사람에게 그리 위험하지 않고 조금 아프다가 금세 낫는다. 이때 우두바이러스가 사람의 몸에 침투해서 앓는 동안 몸속에서 우두바이러스에 저항하는 항체가 만들어지고 면역력이 생긴다. 바로 이 우두바이러스에 대한 면역력이 천연두바이러스에 대한 면역력으로 작용하는 것이다. 우두바이러스와 천연두바이러스는 같은 과에 속하는 바이러스이기 때문이다. 그래서 우두에 한 번 걸렸다가 나은 사람은 천연두에 걸리지 않는 것이다.

제너는 이러한 과학적인 원리를 몰랐지만 세심한 관찰을 거쳐 그 작용 과정을 알게 되었다. 그는 우두로 천연두를 예방하는 백신을 만드는 실험을 진행했다. 1796년 5월 14일 그는 소 젖을 짜는 소녀 사라 넬 메스의 손에 나 있는 수포의 물질을 가져와 제임스 핍스라는 여덟 살 소년에게 주사했다. 우두에 걸린 사람의 수포 물질, 즉 우두바이러스를 채취해서 건강한 사람의 몸에 일부러 주입했던 것이다. 이후 천연두 환자의 몸의 고름을 가져와서 그 소년에게 주사했고 소년이 천연두에 걸리는지 아닌지를 지켜봤다.

보통의 경우에서는 천연두 환자의 고름 속에 가득한 천연두바이러스를 일부러 다른 사람에게 주입한다면 그 사람은 천연두에 걸릴 것이다. 그런데 그 소년은 천연두에 걸리지 않았다. 먼저 우두바이러스를 주입해서 몸속에 면역력이 생겨 천연두바이러스를 물리쳤기 때문이다. 이 사실을 발견한 제너는 너무 기쁘고 흥분되어 이 엄청한 실험 결과를 정리한 논문을 써서 왕립학회에 제출했다. 그러나 논문을 심사한 왕립학회는 논문을 인정하고 받아주기는커녕 윤리성과 위험성에서 문제가 있다고 경고했다.

사실 요즘은 제너가 시행했던 실험을 절대 할 수 없다. 그 이유는 간단하다. 감염되면 죽을 수도 있는 천연두바이러스가 잔뜩 들어 있는 물질을 멀쩡한 소년에게 주사해서 천연두에 걸리는지 아닌지를 지켜보는 실험을 한다는 것은 도저히 용납할 수 없는 일이기 때문이다. 당시 연구 과정에서 윤리성과 위험성에 문제가 있다고 왕립학회가 판단했던 것이다.

실제로 제너는 자신의 정원사 아들을 대상으로 이와 같은 실험을 진행했기 때문에 더욱더 윤리성과 위험성에 문제가 있었다. 하지만 다행히 그 소년은 천연두에 걸리지 않았고 제너는 이 실험 결과를 통해 세계 최초로 천연두 백신을 개발했다. 제너는 실험 결과를 논문으로 발표하지 못했지만, 그 대신 1798년 『우두의 원인과 효과에 관한 연구』라는 작은 책으로 출판해서 널리 알렸다. 이 책은 출판되자 논란에 휩싸이

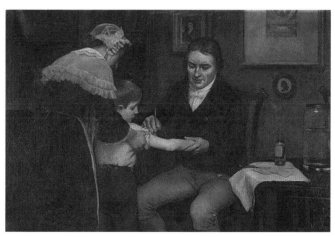

❀ 1796년 5월 14일 제너가 소년에게 처음으로 백신 실험을 진행하는 장면을 묘사한 그림

기도 했지만 곧 인정받아 종두법이 널리 시행되었다.

제너는 이 책에서 자신이 개발한 것을 '백신(Vaccine)'이라고 이름을 붙였다. 우리가 알고 있는 백신의 시초다. 'Vaccine'이라는 단어는 암소를 뜻하는 라틴어 'Vacca'에서 유래하는데, 제너는 우두의 물질을 이용해서 천연두 백신을 만들었기 때문에 이 단어를 사용한 듯하다. 이와 같이 제너가 개발한 천연두 예방법을 '종두법(Vaccination)'이라 한다. 이 종두법은 이전에 사용되었던 인두법에 비해 매우 안전한 천연두 예방법이어서 영국뿐만 아니라 세계 많은 나라로 확산되었고, 수많은 사람의 목숨을 살렸다.

☀ 파스퇴르의 과학적 백신 연구

세계 최초로 백신을 개발한 사람은 에드워드 제너이지만, 그는 백신의 과학적인 원리를 알지 못했고 경험적 관찰을 토대로 천연두를 예방할 수 있는 종두법을 만들었다. 이후 1880년대 프랑스의 루이 파스퇴르(Louis Pasteur, 1822~1895)가 과학적 실험을 통해 백신의 원리를 밝혀냈고 여러 질병을 예방할 수 있는 백신들을 개발했다.

당시 파스퇴르는 콜레라 연구를 하고 있었다. 그는 1880년 가축에 콜레라를 일으키는 박테리아 배양에 성공했다. 그런데 배양된 박테리아를 바로 닭에 접종시키는 실험을 하기로 한 연구원이 박테리아 배양만 해놓고 깜빡하고 닭에 접종하지 않고 며칠 휴가를 다녀왔다. 연구원은 그제야 배양해놓은 박테리아를 닭에 접종했다. 그런데 예상외의 결과가 나왔다. 그동안 콜레라를 일으키는 박테리아를 배양해 바로 접종한 닭들은 계속 콜레라에 걸려 죽었으나, 며칠 동안 방치해두었던 박테리아를 접종한 닭은 조금 아픈 듯하다가 얼마 지나지 않아 다시 건강해졌다.

이 일이 있고 얼마 후, 새로 배양한 박테리아를 새로 들여온 닭들과 얼마 전에 접종했다가 건강해진 닭들에게 주입했다. 예상대로 새로 들여온 닭들은 박테리아를 주입하자 모두 콜레라에 걸려서 죽었다. 이와 달리 얼마 전에 박테리아 접종을 했다가 건강해진 닭들은 다시 박테리아를 접종했는데도 콜레라에 걸리지 않았다.

연구원들은 그 이유를 찾기 위해 조사했다. 그러다 며칠 동안 방치해둔 사이에 박테리아가 독성이 약해졌고 그 박테리아를 닭에게 주입했기 때문에 닭이 죽지 않았다는 것을 발견했다. 또한 이처럼 독성이 약해진 박테리아를 주입한 닭들은 다음에 진짜 독성이 강한 박테리아를 주입해도 죽지 않는다는 것도 알게 되었다. 먼저 독성이 약해진 박테리아를 주입했을 때 그 박테리아에 대한 저항력이 생겼기 때문이다.

이러한 놀라운 발견 후 파스퇴르는 독성이 약해진 병균을 '백신(Vaccine)'이라고 이름 붙였다. 이는 종두법을 만든 제너를 기념하기 위해서였다고 한다. 1885년 파스퇴르

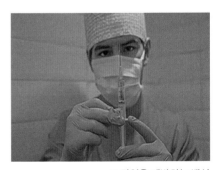

◉ 감염을 예방하는 백신

는 사람에게 접종할 수 있는 광견병 백신을 처음 개발했다. 파스퇴르가 개발한 광견병 백신을 접종한 소년은 실제로 미친개에 물렸으나 공수병에 걸리지 않았다.

☀ 백신 접종의 원리

독감, 수두, 파상풍, 소아마비, 디프테리아 등 많은 질병을 예방하기 위해 백신 접종이 시행되고 있다. 우리나라에서는 아이들이 초등학교에 입학하기 전에 디프테리아와 백일해 및 파상풍을 예방하는 백신(DTap), 홍역과 유행성 이하선염(볼거리) 및 풍진을 예방하는 백신(MMR), 소아마비를 예방하는 백신(Polio) 및 일본뇌염 백신 등 여러 가지 예방 접종을 무료로 의무적으로 시행하고 있다.

백신 접종의 원리는 사람 몸속의 생화학 반응 작용에 기초하고 있다. 병을 일으키는 바이러스나 세균 등과 같은 병원체가 몸속으로 침투하면 이 병원체를 물리치기 위한 항체가 만들어진다. 이때 몸속으로 침입하는 병원체를 항원이라고 한다. 몸속으로 항원이 침입하면 거기에 대항하는 항체가 만들어져 치열한 싸움을 벌어지고 이를 통해 면역력이 생긴다. 이후에 그 항원이 몸속으로 침입하면 그것을 알아보고 물리쳐서 병에 걸리지 않도록 해준다. 이와 같은 항원-항체 반응의 원리를 이용해 만든 것이 백신이다.

백신은 병을 일으키는 병원체를 닮은 물질 또는 약화시킨 병원체다. 따라서 백신 물질을 몸에 주입하면 병에 걸려 심하게 아프지는 않지만,

항원 – 항체 반응에 따라 그 병에 대한 저항력인 면역력이 생긴다. 이렇게 면역력이 생기면 다음에 진짜 그 병의 병원체가 몸에 침투했을 때 빨리 알아보고 물리쳐 병에 걸리지 않도록 한다.

☀ 백신 종류

백신은 감염병을 예방하기 위해서 사용하는 항원으로, 다음과 같이 네 종류로 나뉜다.

첫째, 불활화 백신이다. 사(死)백신이라고도 한다. 이 백신 바이러스를 포르말린에 넣어 죽여서 독성을 없앤 것이다. 간단하게 제조할 수 있지만 면역력을 증강시키는 효능이 떨어질 가능성이 높다.

둘째, 약독화 백신이다. 바이러스를 계속해서 배양하는 과정에서 독성을 줄인 다음 백신으로 사용하는 것이다. 이 백신 T세포와 중화항체를 함께 생성하는 효과 좋은 백신이다. 그러나 독성이 완전히 제거되지 않아서 독성이 발현될 위험이 있다.

셋째, 단백질 백신이다. 바이러스 표면의 돌기인 스파이크 단백질을 유전자 재조합 방법으로 만들어서 사용하는 백신이다. 이 백신은 살아 있는 바이러스 전체를 사용하는 것이 아니기 때문에 독성의 위험이 없으면서 T세포와 중화항체 생성을 가능하게 하는 방법이다. 그러나 부작용이 있을 수 있다.

넷째, 핵산 백신이다. 바이러스의 돌기 단백질을 만드는 유전자(DNA 또는 RNA)를 인체 내에 주입하는 백신이다. 이 방법은 최근에 개발되었

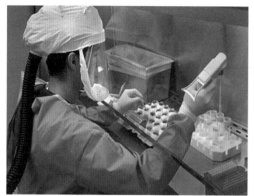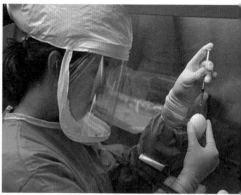

●달걀을 이용한 백신 제조 실험

고, 코로나19 백신 개발에 처음으로 이용되었다. 따라서 아직 부작용에 관한 내용은 자세히 밝혀지지 않았다.

☀ 백신 개발 과정

일반적으로 백신은 다음과 같은 과정으로 만든다.[1]

첫째는 기초·탐색 연구를 진행하는 단계로, 질병의 기본 원리와 작용 원리를 이해하고 효과가 있는 항원을 찾아 백신 후보 물질을 연구·개발하는 과정이다.

둘째는 백신 후보 물질을 다양한 동물을 대상으로 시험하는 비임상 시험 단계로, 안전성과 백신 효과를 검증하는 과정이다.

셋째는 동물 실험을 통해 검증된 백신 후보 물질에 대해 사람을 대상으로 임상시험을 진행하는 과정이다.

임상시험은 세 과정으로 진행된다. 임상 1상은 건강한 사람 5~20명을 대상으로 약물을 투여하여 그 약물이 몸속에서 어떻게 반응하고 변화하는지를 살피는 약동학적 특성을 조사하고 투여 용량의 상한선 등을 확인한다. 이 과정에서 독성이나 부작용이 없는지 검증한다. 임상 2상에서는 30~100명의 환자를 대상으로 후보 약물이 효과가 있는지를 검증한다. 임상 3상은 100~1,000명을 대상으로 좀 더 광범위하게 후보 약물이 효과가 있는지와 부작용은 없는지를 검증하는 과정이다. 이와 같은 과정을 모두 다 통과하면 이 후보 약물을 식품의약품안전처에 허가를 신청하여 허가를 받으면 제조사에서 판매한다.

국제백신연구소 제롬 김 사무총장은 백신을 개발해 출시하는 데 약 1조 2000억 원에서 2조 4000억 원의 비용이 들며 실패할 확률이 90퍼센트 이상이라고 말한다. 보통 첫 번째 연구·개발 단계에 5년 정도 걸리고, 두 번째 비임상시험 단계에 1.5년이, 세 번째 임상시험에 6년 정도 걸리며, 식약처 허가 과정에 2년 정도 걸린다고 한다. 따라서 새로운 약의 전체 개발 기간은 총 14.5년 정도라고 한다.

그러나 경우에 따라서 새로운 백신이 5년 정도에 개발되기도 한다. 특히 코로나19 백신은 중국 우한에서 코로나19가 처음 보고된 때로부터 1년도 되지 않아서 백신 개발이 완료되고, 사람에게 사용하기 위한 허가까지 마쳤다. 이는 코로나19 대유행이라는 아주 특별하고 응급한 상황에서 많은 기업과 기관 및 정부에서 집중적으로 협력한 결과였다.

우리 곁의 감염병을 돌아보며…

역사는 기억할 것이다. 2020년 한 해 동안 우리나라를 비롯한 전 세계가 겪은 코로나19 상황을. 지난 시대에도 여러 감염병이 발생했지만 코로나19는 정말 무서운 역병으로 우리에게 다가왔고 우리 모두의 삶과 일상을 바꿔놓았다. 마치 전쟁이라도 난 것처럼 세계 곳곳이 아수라장이었다.

이 책을 쓰면서 감염병과 관련된 많은 자료를 찾아 읽고 정리하는 나날을 이어가다 보니 직업병 같은 것이 하나 생겼다. 식당에서 밥을 먹다가도 식판이나 음식 위에서 바이러스가 꿈틀거리는 것처럼 보였다. 버스나 지하철을 탈 때에도 손잡이를 잡는 것이 꺼려지고 그곳에서 꿈틀대고 있는 바이러스가 보이는 것 같아 신경이 쓰였다.

외출했다 돌아오면 습관적으로 마스크를 벗어 에탄올 스프레이를 듬뿍 뿌려 소독하고 바로 욕실로 들어가 비누로 손을 열심히 씻었다. 또한 커피숍이나 공원 벤치 같은 공공장소 의자에 앉을 때면 무언가 묻어 있지나 않은지 다시 한번 살펴보게 되었다. 예전에는 의자에 더러운 것이 묻어 있는지 보았다면 이제는 눈에 보이지도 않는 바이러스나 세균이 있는지 보게 되었다. 물론 열심히 본다고 보이는 존재가 아님을 알면서도 머릿속에서는 생생히 살아 꿈틀대는 모습이 떠올랐다. 이처럼 지난 일 년 동안 이 책을 쓰는 동안 코로나바이러스뿐만 아니라 온갖 종류의 바이러스와 세균에 둘러싸여 열병을 앓듯이 지냈다.

코로나19 대유행 상황을 겪으면서 우리가 잘 알고 있다고 생각해왔던 것이 얼마나 얄팍한 수준의 지식이었는지 여실히 깨닫게 되었다. 코로나19가 발생한 초기에 신종 코로나바이러스가 원인이 되어 발생했다는 것도 밝혀졌고, 2002년 사스와 2015년 메르스와도 관련 있다는 것도 드러났다. 따라서 2020년 초에는 코로나19가 사스와 비슷할 것이라고 예상했다.

그런데 사스와는 비교도 되지 않을 만큼 많은 환자가 급속히 발생하고 전 세계로 빠르게 확산되었다. 급기야 2020년 3월 11일, WHO는 세계적 대유행을 선언했고 이후 200개가 넘는 나라로 퍼져나가더니 아마존 밀림의 소수 부족을 포함해 지구상 거의 모든 지역으로 확산되었다. 이렇게 코로나19는 우리가 역사책에서 보던 1918년 스페인 독감이나 14세기 흑사병에 비교될 정도로 세계적인 대참사로 악화되어갔다.

코로나19로 우리 사회의 많은 문제와 허점이 적나라하게 드러났다. 대단하다고 생각했던 의료와 과학기술이 얼마나 허술하고 한계가 있는지, 정치와 경제 및 사회복지 등의 분야에서도 현실적인 한계와 문제점이 나타났다.

그러나 다른 측면에서는 놀라운 모습도 보여주었다. 코로나19가 중국 우한에서 처음 보고된 지 채 1년도 되지 않은 짧은 시간에 코로나19 백신이 여럿 개발되어 허가를 받았다. 이는 기적과 같은 일이었다. 보통 백신을 새로 개발하는 데 최소 5년에서 10년은 걸린다고 하는데, 1년도 되지 않아 백신 개발을 끝냈고 곧이어 세계 여러 나라에서 대대적인 백신 접종이 진행되었다.

이와 같은 기적적인 일이 가능했던 배경에는 몇 가지 중요한 요소가 있다. 먼저, 세계 여러 나라가 적극적으로 서로 도왔다. 코로나19 대유행은 어느 한 나라만 적극 나서서 대처한다고 해결될 문제가 아닌 전 지구적 문제이며, 지구에 살고 있는 모든 사람의 생명이 달린 중요한 문제였으므로 나라 간 적극적인 협조가 잘 진행되었다.

또한 과학자들 사이에서의 협조도 큰 힘을 발휘했다. 코로나19가 전 세계적으로 확산되어가던 시점에 백신과 치료제 개발을 빨리하도록 과학자들을 독려하기 위한 특단의 조치들이 진행되었다. 코로나19와 관련된 연구비를 따로 마련하여 지원했을 뿐만 아니라 평소에는 유료였던 감염병 관련 국제학술지 논문을 모두 공짜로 다운받아 볼 수 있도록 했다. 그리고 과학자 그룹은 경쟁이 아닌 협력하는 상황으로 바뀌었으며 중요한 과학적인 발견과 연구 결과를 최대한 빨리 인터넷이나 전문 홈페이지에 공개해 전 세계 과학자들이 실시간으로 정보를 이용할 수 있도록 했다.

이와 같은 과학계의 적극적인 노력과 협조로 인해 코로나19 원인 바이러스의 유전자 정보가 2020년 1월 인터넷에 공개되자마자 전 세계 과학자들은 그 정보를 적극 활용했다. 코로나바이러스의 유전 정보가 공개된 지 한 달도 되지 않아 감염병 진단 제품을 만드는 회사들이 유전자 분석을 이용한 코로나19 진단 제품을 개발해 허가를 받아 사용할 수 있도록 내놓았던 것이다. 이렇게 발빠르게 코로나19 진단 검사 제품들이 나오자 코로나19 확진자 검사와 격리 치료 및 방역에 큰 도움이 되었다.

또한 WHO와 여러 전문가들은 코로나19 발생 원인에 대한 조사를 진행했다. 박쥐에 있던 바이러스가 중간 매개 동물을 거쳐 사람에게 옮겨온 것으로 드러났다. 그 중간 매개 동물이 무엇인지에 대해서는 여러 주장이 있지만, 동물을 통해 신종 바이러스가 전염되어 발생한 인수공통감염병임에는 틀림없다. 이러한 신종 감염병이 앞으로도 많이 발생할 것이라고 전문가들은 경고하고 있다.

아마 감염병을 일으키는 무서운 바이러스와 세균이 없는 깨끗한 세상에서 살고 싶다고 생각하는 사람도 있을지 모르겠다. 그렇지만 그런 세상은 없다. 지난 오랜 역사에도 없었고 앞으로도 없을 것이다. 만약 인공적으로 바이러스와 세균을 모두 없애버린 청정 하우스를 만든다면 가능할 것처럼 보이지만 허상이다. 바이러스와 세균이 전혀 없는 청정 하우스에 내가 들어가는 순간 온갖 바이러스와 세균이 바글바글한 공간이 되어버릴 것이기 때문이다.

사실 우리가 아무리 깨끗하게 목욕하고 알코올 소독제를 손에 뿌려서 바이러스와 세균을 없앤다고 하더라도 다 없어지지 않을 뿐만 아니라 우리 몸속에 수많은 바이러스와 세균이 살아가고 있기 때문에 이들을 피할 수 없다. 우리 몸의 피부 표면, 입속, 위와 장 등 몸의 안팎에 수많은 바이러스와 세균이 함께 공생하며 살아가고 있다. 사실 이러한 바이러스와 세균의 대부분은 우리에게 병을 일으키지 않는다. 오히려 일부는 우리 몸에 필요한 비타민이나 영양분을 만들어서 우리가 더욱 건강하게 살아가도록 해준다. 특히 우리가 음식을 먹었을 때 위와 장에서 소화를 돕고 비만이 생기지 않도록 해주는 유익한 미생물도 많이 있다는 것이 최근에 밝혀지고 있다.

신종 감염병이 발생하는 주된 원인으로 환경 파괴와 기후변화를 꼽는 전문가들이 많다. 우리가 사는 지구에는 다양한 동물과 식물뿐만 아니라 아주 작은 미생물도 함께 살아가고 있다. 이처럼 하나의 지구에서 모두가 함께 어우러져 건강하게 잘 살아가려면 환경을 보호하고 잘 관리하는 것이 매우 중요하다.

이제 우리 곁의 감염병 위협에 공포를 느껴 위축되기보다 적극적인 감염 예방과 환경 보호를 실천하는 작은 습관을 가져보면 어떨까.

1부 21세기에 찾아온 신종 감염병

1. 사스, 신종 코로나바이러스가 찾아왔다!

1. 「사스(SARS)로 본 슈퍼 전파 사례」, 〈사이언스 타임스〉, 2020. 5.

2. 질병관리본부

3. 질병관리본부

4. 영국 런던위생열대의학대학원(LSHTM)의 아넬리스 와일드 스미스 교수팀, 〈더 란셋 (The Lancet)〉, 2020. 3.

5. 미국 비어 바이오테크놀로지(Vir Biotechnology) 등 국제 공동연구팀, 〈네이처(Nature)〉, 2020. 3.

6. 한국화학연구원 신종바이러스(CEVI) 융합연구단, 바이오 아카이브(bioRxiv), 2020. 3.

7. 질병관리본부

2. 메르스, 지금도 중동의 풍토병으로 남아 있다?!

1. 질병관리청

2. 국립중앙의료원, 서울대병원, 서울의료원 등 공동 연구팀, 〈BMC(BioMed Central)〉, 2020. 6.

3. 질병관리청

4. 셀트리온, '메르스 코로나바이러스 치료 항체 개발' 연구과제 선정, 2020. 5.
5. 질병관리청
6. 질병관리청

3. 코로나19, 팬데믹을 몰고 온 신종 감염병

1. 중국 질병통제예방센터, 〈뉴 잉글랜드 저널 오브 메디슨(NEJM)〉, 2020. 1.
2. 중국 우한대 중난병원 연구팀, 〈미국의사협회지(JAMA)〉, 2020. 7.
3. 홍콩대학의 원퀵융 교수팀, 〈더 란셋〉, 2020. 1.
4. 아이슬란드 보건부와 국립대병원 연구팀, 〈뉴 잉글랜드 저널 오브 메디슨〉, 2020. 4.
5. 홍콩대 감염병역학통제센터 에릭 루 교수팀, 〈네이처 메디슨(Nature Medicine)〉, 2020. 4.
6. 영국 이비인후과의사회, 2020. 3. 26.
7. 중국 빈주의과대학 연구팀, 〈미국소화기학회지(AJG)〉, 2020. 3.
8. 중국과 홍콩 연구팀, 2020. 2.
9. 중국 상하이와 미국 뉴욕의 공동 연구팀, 〈세포분자면역학(CMI)〉, 2020. 4.
10. 중국 질병통제예방센터, 〈미국의사협회지〉, 2020. 2.
11. 이탈리아 국립보건원, 「환자 특성 보고서」, 2020. 3. 17.
12. 중국 난징의과대학 연구팀, 〈미국의사협회지(JAMA)〉, 2020. 3.
13. 프랑스 엑스마르세유 대학 레미 샤렐 교수팀, 바이오 아카이브(bioRxiv), 2020. 4.
14. 홍콩대 연구팀, 〈네이처〉, 2020. 4.
15. 홍콩대학 위안귀융 교수팀, 〈임상 전염병 저널(JCID)〉, 2020. 4.

4. 코로나19 대유행, 더 독해진 사스바이러스가 찾아왔다?!

1. 상하이위생임상센터, 우한중심의원, 화중과기대학, 우한시질병예방통제센터, 시드니 대학 등의 공동 연구팀, 바이러로지컬(Virological.org), 2020. 1. 11.
2. 중국 우한 바이러스학연구소, 바이오 아카이브, 2020. 1. 23.
3. 기초과학연구원(IBS) RNA연구단의 김빛내리 단장 연구팀과 기초과학연구원 및 질병 관리본부 국립보건연구원 등 공동연구팀, 〈셀(THE CELL)〉, 2020. 4.
4. 아이슬란드 연구팀, 〈데일리 메일〉, 2020. 3. 24.
5. 중국 저장대학 리란쥐안 교수팀, 메드 아카이브(MedRxiv), 2020. 4. 21.
6. 영국 케임브리지 대학의 피터 포스터 교수팀, 〈미국국립과학원회보(PNAS)〉, 2020. 4.
7. 독일 보훔 루르 대학의 에이케 슈타인만 교수팀, 〈병원감염저널(JHI)〉, 2020. 2.
8. 미국 질병통제예방센터, 〈데일리 메일〉, 2020. 3. 24.
9. 미국 국립보건원, 미국 질병통제예방센터, 프린스턴 대학, 로스앤젤레스 캘리포니아

대학 등의 공동 연구팀, 〈뉴 잉글랜드 저널 오브 메디슨〉, 2020. 3.

10. 홍콩대학 공공위생학원 레오 푼 교수팀, 〈더 란셋〉, 2020. 4.

11. 미국 툴레인 의대, 피츠버그 대학 백신연구소, 미 육군 감염병연구소 등의 공동 연구팀, 메드 아카이브, 2020. 4.

12. 질병관리본부

13. 관세청, 2020. 4. 22.

14. 미국 텍사스 대학 제임스 교수팀, 〈미국의사협회지〉, 2020. 4.

5. 신종플루, 독감이라고 만만하게 보면 안 된다!

1. 미국 조지워싱턴 대학 공중보건센터, 〈플로스 메디슨(PLoS Medicine)〉, 2013.

2. 리투아니아 생명공학연구소 민다우가스 주에자파이티스 연구팀, 〈메디시나(Medicina (Kaunas)〉, 2007.

3. 더불어민주당 신현영 의원, 통계청의 자료 분석, 2020. 10.

4. 신종 인플루엔자 범부처 사업단, 2016년 보고서

2부 인류를 공포에 떨게 한 역사적 감염병

1. 흑사병 I, 역사상 가장 참혹한 감염병

1. 영국 셰필드 대학교 연구팀, 〈앤티퀴티(Antiquity)〉, 2020. 2.

2. 독일과 캐나다 등 공동 연구팀, 〈네이처〉, 2011.

3. 천연두, 인류가 박멸한 유일한 감염병

1. 캐나다 맥마스터 대학교의 헨드릭 포이너 교수팀, 〈커런트 바이올로지(Current Biology)〉, 2016. 12.

2. 케임브리지 대학교와 덴마크 코펜하겐 대학교 등 국제 공동 연구팀, 〈사이언스(Science)〉, 2020. 7.

4. 에볼라바이러스병, 계속 반복되는 아프리카의 참사

1. 볼프강 페터센 감독, 영화 〈아웃브레이크〉, 1995.

2. 서울아산병원

3. 영국 툴레인 대학교의 존 시펠린 연구팀, 〈뉴 잉글랜드 저널 오브 메디슨〉, 2014. 11.

4. 정혜선·강윤정, 「에볼라바이러스 진단법과 개발 동향에 관한 고찰 연구」, 〈대한임상검

사과학회지〉, 2015.

5. 듀크-싱가포르국립대학 의과대학 및 중국 영국팀, 〈네이처 미생물학회지(Nature Microbiology)〉, 2019. 1.

6. 독일 로베르트 코흐 연구소의 파비안 린데르츠 연구팀, 〈유럽분자생물학협회(EMBO)〉, 2014.

7. 시에라리온 케네마 정부병원의 어거스틴 고바 연구팀, 〈사이언스〉, 2014.

8. 미국 신시내티 아동병원의 카르날리 싱 박사팀, 〈바이러스학 저널(Journal of Virology)〉, 2020. 4.

9. 미국 질병통제예방센터 연구팀, 〈뉴 잉글랜드 저널 오브 메디슨〉, 2020. 2.

3부 전쟁과 감염병 그리고 생물무기

1. 감염병, 전쟁의 승자를 바꾸다

1. 왕립 카롤린스카 연구소 노벨 생리의학위원회

2. 스페인독감, 제1차 세계대전보다 무서운 독감

1. 연세대학교 성백린 교수와 건국대학교와 경희대학교 공동 연구팀, 〈유럽분자생물학협회 저널(EMBO)〉, 2019.

2. 미국 위스콘신 대학교의 가와오카 요시히로 교수팀, 〈사이언스〉, 2012.

3. 미국 위스콘신 대학교의 가와오카 요시히로 교수팀, 〈세포 숙주와 미생물지(Cell Host and Microbe)〉, 2014.

3. 천연두와 에볼라, 핵폭탄보다 무서운 생물무기

1. 미국 질병통제예방센터 홈페이지

2. 〈워싱턴 포스터〉 보도, 2014.

4. 생물무기, 이 위협을 어떻게 막을 수 있을까?

1. 〈뉴욕 타임스〉 보도, 2019.

4부 '코로나 일상', 감염병과의 동거

1. 인수공통감염병, 또 다른 신종 감염병 출현의 예보

1. 질병관리본부
2. 미국 에코헬스얼라이언스의 피터 다스작 연구팀, 〈네이처〉, 2017.

2. 신종 바이러스의 위협, 피할 수 없으면 슬기롭게 대비하라!

1. 미국 프린스턴 대학교 연구팀, 〈네이처 나노테크놀로지(Nature Nanotechnology)〉, 2014.

3. 백신, 감염을 막아주는 든든한 갑옷

1. 식품의약품안전처 및 대한예방의학회 자료
2. 홍콩 〈사우스 차이나 모닝 포스트〉 인터뷰

_ 그림 출처

16쪽 https://en.wikipedia.org/wiki/ ©Phoenix7777

33쪽 https://en.wikipedia.org/wiki/ ©Phoenix7777

45쪽 https://en.wikipedia.org/wiki/ ©Hellerhoff

53쪽 https://doi.org/10.1073/pnas.2009637117 ©Renyi Zhang, Yixin Li, Annie L. Zhang, Yuan Wang, and Mario J. Molina

58쪽 https://en.wikipedia.org/wiki/ ©NIAID-RML

62, 63쪽 Johns Hopkins University

67쪽 https://doi.org/10.3389/fpubh.2020.00383 © Nour Chams, Sana Chams, Reina Badran, Ali Shams, Abdallah Araji, Mohamad Raad, Sanjay Mukhopadhyay, Edana Stroberg, Eric J. Duval, Lisa M. Barton, and Inaya Hajj Hussein

75쪽 https://en.wikipedia.org/wiki/ ©Raimond Spekking

106쪽 https://da.wikipedia.org/wiki/ ©Roger Zenner (de-WP)

130쪽 https://ourworldindata.org/health-meta#note-5

138쪽 https://www.nature.com/ ©Patrick Landmann/SPL

157쪽 http://www.cdc.gov/

159쪽 http://www.cdc.gov/vhf/ebola/outbreaks/history/distribution-map.html

160쪽 EMBO Molecular Medicine

171쪽 https://msf.org

185쪽 https://billofrightsinstitute.org/essays/columbian-exchange

196쪽 https://thebulletin.org

197쪽 http://www.cdc.gov/

210쪽 http://agrisafe.org

216쪽 https://en.wikipedia.org/wiki/ ©Wikiseal